湖北省地方标准

装配整体式混凝土叠合剪力墙结构技术规程

Technical specification for monolithic precast superposed
concrete shear wall structures

DB42/T 1483—2018

批准部门：湖北省住房和城乡建设厅

湖北省市场管理监督局

实施日期：2019年3月1日

U0341037

武汉理工大学出版社

武　汉

图书在版编目(CIP)数据

装配整体式混凝土叠合剪力墙结构技术规程/湖北省住房和城乡建设厅,湖北省市场管理监督局编.—武汉:武汉理工大学出版社,2019.6

(湖北省地方标准)

ISBN 978-7-5629-6035-5

Ⅰ.①装⋯　Ⅱ.①湖⋯　②湖⋯　Ⅲ.①混凝土结构-剪力墙结构-技术规范　Ⅳ.①TU398-65

中国版本图书馆 CIP 数据核字(2019)第 121351 号

项目负责人:高　英
责任编辑:高　英
责任校对:戴皓华
排版设计:正风图文
出版发行:武汉理工大学出版社
社　　址:武汉市洪山区珞狮路 122 号
邮　　编:430070
网　　址:http://www.wutp.com.cn
经　　销:各地新华书店
印　　刷:武汉市天星美润设计印务有限公司
开　　本:850×1168　1/32
印　　张:3.875
字　　数:97 千字
版　　次:2019 年 6 月第 1 版
印　　次:2019 年 6 月第 1 次印刷
定　　价:50.00 元

湖北省住房和城乡建设厅
公 告

第 3 号

关于发布
湖北省地方标准《装配整体式混凝土
叠合剪力墙结构技术规程》的公告

现批准《装配整体式混凝土叠合剪力墙结构技术规程》为湖北省地方标准,编号 DB42/T 1483—2018,自 2019 年 3 月 1 日实施。

湖北省住房和城乡建设厅

2019 年 1 月 18 日

前　言

　　根据湖北省质量技术监督局《关于下达 2017 年度□方标准制修订项目计划(第一批)的通知》(鄂质监标□203 号)要求,标准编制组经广泛调查研究,认真总结实□参考现有国家标准和地方标准以及欧洲标准,并在广□见的基础上,制定本标准。本标准按照 GB/T 1.1—200□工作导则　第 1 部分:标准的结构和编写》给出的规则起□

　　本标准由武汉理工大学提出。

　　本标准由湖北省住房和城乡建设厅归口管理,武□学负责具体技术内容的解释。执行过程中如有意见和□寄送武汉理工大学(地址:湖北省武汉市洪山区珞狮□武汉理工大学土木工程与建筑学院,邮政编码:4300□guqian@whut.edu.cn,电话:027—87160269)。

　　本 标 准 主 编 单 位:武汉理工大学

　　　　　　　　　　　　美好建筑装配科技有限公□

　　　　　　　　　　　　中信建筑设计研究总院有□

　　本 标 准 参 编 单 位:华中科技大学

　　　　　　　　　　　　武汉大学

　　　　　　　　　　　　哈尔滨工业大学

　　　　　　　　　　　　中南建筑设计院股份有限□

　　　　　　　　　　　　武汉理工大设计研究院有□

　　　　　　　　　　　　中国轻工业武汉设计工程有□

　　　　　　　　　　　　湖北省建筑科学研究设计□

　　　　　　　　　　　　湖北省建筑节能协会

目　　录

1 范　围

本规程规定了湖北省抗震设防烈度为 6 度和 7 度地区的装配整体式混凝土叠合剪力墙结构民用建筑的设计、制作、施工及验收等技术要求。本规程不适用于特别不规则的建筑。

2 规范性引用文件

下列文件对于本规程的应用是必不可少的。凡是注日期的引用文件,仅所注日期的版本适用于本规程。凡是不注日期的引用文件,其最新版本(包括所有的修改单)适用于本规程。

GB 12523　　　《建筑施工场界环境噪声排放标准》

GB/T 14683　　《硅酮和改性硅酮建筑密封胶》

GB/T 17431.1《轻集料及其试验方法　第1部分:轻集料》

GB/T 50002　　《建筑模数协调标准》

GB 50009　　　《建筑结构荷载规范》

GB 50010　　　《混凝土结构设计规范》

GB 50011　　　《建筑抗震设计规范》

GB 50016　　　《建筑设计防火规范》

GB 50017　　　《钢结构设计标准》

GB 50026　　　《工程测量规范》

GB 50028　　　《城镇燃气设计规范》

GB/T 50107　　《混凝土强度检验评定标准》

GB 50118　　　《民用建筑隔声设计规范》

GB 50166　　　《火灾自动报警系统施工及验收规范》

GB 50176　　　《民用建筑热工设计规范》

GB 50189　　　《公共建筑节能设计标准》

GB 50204　　　《混凝土结构工程施工质量验收规范》

GB 50205　　　《钢结构工程施工质量验收规范》

GB 50210　　　《建筑装饰装修工程质量验收标准》

GB 50222　　　《建筑内部装修设计防火规范》

GB 50223　　　《建筑工程抗震设防分类标准》

GB 50242	《建筑给水排水及采暖工程施工质量验收规范》
GB 50243	《通风与空调工程施工质量验收规范》
GB 50300	《建筑工程施工质量验收统一标准》
GB 50303	《建筑电气工程施工质量验收规范》
GB 50310	《电梯工程施工质量验收规范》
GB 50325	《民用建筑工程室内环境污染控制规范》
GB 50339	《智能建筑工程质量验收规范》
GB 50368	《住宅建筑规范》
GB 50411	《建筑节能工程施工质量验收规范》
GB/T 50476	《混凝土结构耐久性设计规范》
GB/T 50502	《建筑施工组织设计规范》
GB 50661	《钢结构焊接规范》
GB 50666	《混凝土结构工程施工规范》
GB 50736	《民用建筑供暖通风与空气调节设计规范》
GB 50981	《建筑机电工程抗震设计规范》
GB/T 51231	《装配式混凝土建筑技术标准》
JC/T 482	《聚氨酯建筑密封胶》
JC/T 483	《聚硫建筑密封胶》
JC/T 881	《混凝土建筑接缝用密封胶》
JC/T 984	《聚合物水泥防水砂浆》
JGJ 1	《装配式混凝土结构技术规程》
JGJ 3	《高层建筑混凝土结构技术规程》
JGJ 12	《轻骨料混凝土结构技术规程》
JGJ 18	《钢筋焊接及验收规程》
JGJ 33	《建筑机械使用安全技术规程》
JGJ 51	《轻骨料混凝土技术规程》
JGJ 59	《建筑施工安全检查标准》
JGJ 80	《建筑施工高处作业安全技术规范》
JGJ 107	《钢筋机械连接技术规程》

JGJ 110　　　　《建筑工程饰面砖粘结强度检验标准》

JGJ 114　　　　《钢筋焊接网混凝土结构技术规程》

JGJ 126　　　　《外墙饰面砖工程施工及验收规程》

JGJ 146　　　　《建筑施工现场环境与卫生标准》

JGJ/T 235　　　《建筑外墙防水工程技术规程》

JGJ/T 275　　　《密肋复合板结构技术规程》

JGJ/T 283　　　《自密实混凝土应用技术规程》

JGJ/T 309　　　《建筑通风效果测试与评价标准》

DB 42/T 559　　《低能耗居住建筑节能设计标准》

3 术语和定义

下列术语和定义适用于本规程。

3.0.1 装配整体式混凝土叠合剪力墙结构 monolithic precast superposed concrete shear wall structure

全部或部分剪力墙采用预制混凝土叠合剪力墙经可靠连接构成的装配整体式混凝土结构。

3.0.2 叠合剪力墙 superposed shear wall

两层预制钢筋混凝土板,通过钢筋桁架或连接件连接成具有中间空腔的墙板构件,经现场安装后浇筑混凝土填充中间空腔形成的剪力墙。分单面叠合剪力墙和双面叠合剪力墙。

3.0.3 单面叠合剪力墙 single-side superposed shear wall

两侧预制板中,仅一侧预制板参与叠合,与中间空腔的后浇混凝土共同受力而形成的叠合剪力墙;另一侧的预制板不参与结构受力,仅作为施工时的一侧模板或保温层的外保护板。

3.0.4 双面叠合剪力墙 double-side superposed shear wall

两侧预制板均参与叠合,与中间空腔的后浇混凝土共同受力形成的叠合剪力墙。

3.0.5 叠合受弯构件 composite flexural component

下部预制混凝土梁、板与上部后浇混凝土叠合形成的整体受弯构件,包括叠合梁、叠合板。

3.0.6 陶粒混凝土叠合板 ceramsite concrete composite slab

下部预制混凝土梁、板与上部后浇陶粒混凝土叠合形成的叠合板。

3.0.7 预制混凝土构件 precast concrete component

在工厂或现场预先制作的混凝土构件,简称预制构件。

[JGJ 1—2014,定义 2.1.1]

3.0.8 接缝 joint

预制构件之间的拼接或与现浇混凝土之间的连接缝,也称拼缝。

3.0.9 连接节点 connection

预制构件之间的连接部位。

3.0.10 叠合面 laminated interface

预制混凝土梁、板和后浇混凝土的结合面。

3.0.11 钢筋桁架 steel-bar truss

由上、下弦两根或三根钢筋与联系的斜腹筋焊接而成,设置在叠合剪力墙中连接两侧预制板,或叠合板中连接预制混凝土板和后浇混凝土叠合层。

3.0.12 连接件 connector

用于连接预制夹心保温墙体中内、外叶预制混凝土板,使其形成整体的连接器件。

3.0.13 全装修 decorated

所有功能空间的固定面装修和设备设施全部安装完成,达到建筑使用功能和建筑性能的状态。

[GB/T 51231—2016,定义 2.1.12]

4 符 号

4.1 材料性能

f_y——钢筋抗拉强度设计值；

f_c——混凝土轴心抗压强度设计值。

4.2 作用与作用效应

N——轴向拉力设计值；

V_{wj}——叠合剪力墙水平接缝处剪力设计值。

4.3 几何参数

H_0——单片墙高度；

b——梁、柱、墙板截面宽度；

b_w——剪力墙截面厚度；

b_f——剪力墙翼墙的宽度；

d——纵向受力钢筋或附加钢筋直径；

l_a——纵向受拉钢筋的锚固长度；

l_{ab}——纵向受拉钢筋的基本锚固长度；

l_{aE}——抗震设计时纵向受拉钢筋的锚固长度；

l_c——约束边缘构件沿墙肢长度；

t_0——预制墙板厚度；

t_1——预制内叶板厚度；

t_2——后浇混凝土层厚度；

t_3——保温层厚度；

t_4——预制外叶板厚度；

Δ——水平接缝高度；

λ_v——约束边缘构件配箍特征值；

h_w——墙肢的长度；

μ_N——墙肢在重力荷载代表值作用下的轴压比。

4.4 计算系数及其他

γ_{RE}——承载力抗震调整系数。

5 总 则

5.0.1 为在装配整体式叠合剪力墙结构设计、制作、施工及验收中贯彻执行国家的技术经济政策，做到安全适用、技术先进、经济合理、方便施工、节能减排、保证质量，特制定本规程。

5.0.2 装配整体式叠合剪力墙结构建筑应遵循建筑全寿命期的可持续性发展原则，并应标准化设计、工厂化生产、装配化施工、一体化装修，信息化管理。

5.0.3 装配整体式叠合剪力墙结构宜将结构系统、外围护系统、设备与管线系统、内装系统集成，实现建筑功能完整、性能优良。

5.0.4 装配整体式叠合剪力墙结构的设计、制作、施工及验收除应符合本规程外，尚应符合国家和地方现行有关标准的规定。

6 基 本 规 定

6.0.1 在装配整体式叠合剪力墙结构的方案设计至专项深化设计阶段,应协调建设、设计、制作、施工各方之间的关系,并应加强建筑、结构、设备、装修等各专业之间的配合。

6.0.2 装配整体式叠合剪力墙结构的设计应符合现行国家标准《混凝土结构设计规范》GB 50010 及《高层建筑混凝土结构技术规程》JGJ 3 的基本要求,并符合下列规定:

    1 应采取有效措施保证结构的整体性;

    2 预制构件的连接节点和接缝宜设置在结构受力较小的部位,并应满足承载力、延性和耐久性等要求;

    3 预制构件的连接方式应能保证结构的整体性,且传力可靠、构造简单、施工方便。

6.0.3 抗震设计的装配整体式叠合剪力墙结构应按现行国家标准《建筑工程抗震设防分类标准》GB 50223 确定其抗震设防类别,并应符合现行国家标准《建筑抗震设计规范》GB 50011 的规定。

6.0.4 装配整体式叠合剪力墙结构中的预制构件应符合下列规定:

    1 遵循少规格、多组合原则;

    2 满足建筑使用功能、模数、标准化要求;

    3 根据预制构件的功能、安装部位、制作方法、施工精度及质量控制等要求,确定合理的尺寸公差和形状公差,采取有效措施减小混凝土收缩、徐变等非荷载作用效应的不利影响;

    4 满足制作、运输、堆放和安装要求。

7 材 料

7.1 混 凝 土

7.1.1 混凝土的力学性能和耐久性要求应符合现行国家标准《混凝土结构设计规范》GB 50010 和《混凝土结构耐久性设计规范》GB/T 50476 的规定。

7.1.2 叠合剪力墙的后浇混凝土当采用普通混凝土时,粗骨料粒径不宜大于 20mm 和钢筋最小净间距的 3/4 的较小值;当采用自密实混凝土时,自密实混凝土应符合现行行业标准《自密实混凝土应用技术规程》(JGJ/T 283—2012)的相关规定。

7.1.3 叠合楼板的后浇层采用陶粒混凝土时,陶粒混凝土应符合现行行业标准《轻骨料混凝土技术规程》JGJ 51 的规定,陶粒的性能应符合现行国家标准《轻集料及其试验方法 第1部分:轻集料》GB/T 17431.1 的规定。

7.2 钢筋、型钢和连接材料

7.2.1 钢筋应符合现行国家标准《混凝土结构设计规范》GB 50010 的规定,纵向受力钢筋宜采用强度等级 400MPa 及以上钢筋;抗震设计的结构受力钢筋尚应符合现行国家标准《建筑抗震设计规范》GB 50011 的规定。

7.2.2 型钢的各项性能指标应符合现行国家标准《钢结构设计标准》GB 50017 的规定。

7.2.3 预制墙板和预制楼板中宜采用钢筋焊接网,钢筋焊接网应符合现行行业标准《钢筋焊接网混凝土结构技术规程》JGJ 114 的规定。

7.2.4 预制构件的吊环应采用未经冷加工的 HPB 300 级钢筋制作或 Q235B 级钢材制作。预制构件脱模、翻转、吊装及临时支撑用内埋式螺母或内埋式吊杆及配套吊具应符合国家现行相关标准的规定。

7.2.5 预制构件连接用预埋件、型钢、螺栓、钢筋以及焊接材料应符合现行国家标准《钢结构设计标准》GB 50017、《混凝土结构设计规范》GB 50010、《钢结构焊接规范》GB 50661 以及现行行业标准《钢筋焊接及验收规程》JGJ 18 的规定。

7.2.6 预制混凝土夹心保温墙体中连接件应满足下列要求：

   1 内、外叶墙板间应设置专用连接件将内、外叶墙板可靠连接；

   2 当采用非金属连接件时，应为耐碱材料；当采用金属连接件时，应有可靠的阻断热桥措施；

   3 金属及非金属材料连接件均应具有规定的承载力、变形和耐久性能，并应经过试验验证；

   4 连接件应满足夹心保温墙体的节能设计要求。

7.3 保温、密封材料

7.3.1 保温系统所采用的保温材料应符合国家现行相关标准的规定。

7.3.2 外墙板接缝处的密封材料应符合下列规定：

   1 密封材料应符合国家现行标准的规定；

   2 密封材料应与混凝土、填充材料、背衬材料等具有相容性，密封材料尚应具有防水、防火、耐候、防霉变及附着能力等性能。

7.4 其 他 材 料

7.4.1 装配式建筑采用的室内装修材料应符合现行国家标准《民用建筑工程室内环境污染控制规范》GB 50325 和《建筑内部

装修设计防火规范》GB 50222 的相关规定。

7.4.2 装配式建筑所用砂浆材料应符合现行国家标准《混凝土结构工程施工规范》GB 50666 中的相关规定,预制构件接缝处宜采用聚合物改性水泥砂浆填缝,并应符合现行国家标准的相关规定。

8 建筑设计

8.1 一般规定

8.1.1 装配整体式叠合剪力墙建筑应符合适用、经济、绿色、美观的设计原则,满足建筑节能及绿色建筑的要求,并应按模数协调的原则实现构配件及设备产品的标准化、定型化和通用化。

8.1.2 装配整体式叠合剪力墙建筑应采用系统集成的方法统筹设计、生产运输、施工安装,实现全过程的协同。

8.1.3 装配整体式叠合剪力墙建筑应实现全装修,内装系统应与结构系统、外围护系统、设备与管线系统一体化设计建造。

8.1.4 装配整体式叠合剪力墙建筑宜采用 BIM 技术,实现全专业、全过程的信息化管理。

8.1.5 装配整体式叠合剪力墙建筑应满足建筑全寿命期的使用维护要求,宜采用管线分离的方式。

8.1.6 叠合剪力墙采取的保温措施应保证其满足 K 值和 D 值的热工性能要求。

8.2 建筑模数

8.2.1 装配整体式叠合剪力墙建筑设计应符合现行国家标准《建筑模数协调标准》GB/T 50002 的有关规定。设计宜按照建筑模数制要求,采用基本模数 M 或扩大模数的设计方法实现尺寸协调。

8.2.2 装配整体式叠合剪力墙建筑的开间与柱距、进深与跨度、门窗洞口宽度等宜采用水平扩大模数数列 $2n$M、$3n$M(n 为自然数)。

8.2.3 装配整体式叠合剪力墙建筑的层高、门窗洞口高度等宜采用竖向扩大模数数列 $n\text{M}$。

8.2.4 梁、柱、墙等部件的截面尺寸宜采用竖向扩大模数数列 $n\text{M}$。

8.2.5 构造节点和部件的接口尺寸宜采用分模数数列 $n\text{M}/2$、$n\text{M}/5$、$n\text{M}/10$。

8.2.6 装配整体式叠合剪力墙建筑的开间、进深、层高、洞口等尺寸应根据建筑类型、使用功能、部品部件生产与装配要求等确定。

8.2.7 部品部件尺寸及安装位置的公差协调应根据生产装配要求、主体结构层间变形、密封材料变形能力、材料干缩、温差变形、施工误差等确定。

8.3 标准化和集成化

8.3.1 装配整体式叠合剪力墙建筑应采用模块及模块组合的设计方法,遵循少规格、多组合的原则。

8.3.2 公共建筑应采用楼电梯、公共卫生间、公共管井、基本单元等模块进行组合设计。

8.3.3 住宅建筑应采用楼电梯、公共管井、集成式厨房、集成式卫生间等模块进行组合设计。

8.3.4 装配整体式叠合剪力墙建筑的部品部件应采用标准化接口。

8.3.5 装配整体式叠合剪力墙建筑的结构系统、外围护系统、设备与管线系统和内装系统均应进行集成设计,以提高集成度、施工精度和效率。各系统设计应统筹考虑材料性能、加工工艺、运输限制和吊装能力等要求。

8.4 平面、立面设计

8.4.1 装配整体式叠合剪力墙建筑平面设计应符合下列规定:

1 采用大开间、大进深,空间灵活可变的布置方式;

2 平面布置应规则,承重构件布置应上下对齐贯通,外墙洞口宜规整有序;

3 平面几何形状宜规则、均匀、对称,其凹凸变化及长宽比应满足结构抗震设计要求;

4 厨房和卫生间的平面布置应合理,其平面尺寸宜满足标准化整体橱柜及整体卫浴的要求。

8.4.2 装配整体式叠合剪力墙建筑立面设计应符合下列规定:

1 外墙、阳台板、空调板、外窗、遮阳设施及装饰等部品部件宜进行标准化设计。

2 装配整体式叠合剪力墙建筑宜通过建筑体量、材质肌理、色彩等变化,形成丰富多样的立面效果。

3 外墙装饰面层宜采用清水混凝土、装饰混凝土、免抹灰涂料和反打面砖等耐久性强的建筑材料。

4 门窗应采用标准化部件。门窗框宜采用预装法;当采用后装法安装门窗框时,宜采用预留附框的方法。

8.4.3 装配整体式叠合剪力墙建筑应根据建筑功能、结构形式、设备管线及装修等要求,确定合理的层高与净高。

8.5 预制构配件

8.5.1 阳台板、空调外机搁板、太阳能集热器板、装饰构件等外挑构件宜采用工厂化加工的标准预制件,也可采用部分预制、部分后浇的叠合构件。外挑构件宜减少规格和类型,外挑尺寸不宜过大,且与主体结构可靠连接。

8.5.2 阳台板、空调室外机搁板、太阳能集热器板、装饰构件等外挑构件应预留滴水线,与后浇混凝土的结合面应采取防渗构造措施。

8.5.3 预制构配件应根据构件制作、养护、运输、存放、吊装等技术要求,合理确定构件尺寸、类型及拼装方式。

8.6 接缝及防水构造

8.6.1 接口及构造设计应符合下列规定：

1 结构系统部件、内装部品部件和设备管线之间的连接方式应满足安全性和耐久性要求；

2 外围护系统与结构系统宜采用干式工法连接，其拼缝宽度应满足结构变形要求；

3 部品部件的构造连接应安全可靠，接口及构造设计应满足施工安装与使用维护的要求；

4 应确定适宜的制作公差和安装公差设计值；

5 设备管线接口宜避开预制构件受力较大部位和节点连接区域。

8.6.2 外墙接缝应符合下列规定：

1 接缝处应根据当地气候条件合理选用构造防水、材料防水相结合的防排水设计。

2 外墙板的接缝构造应安全可靠，接口及构造设计应满足施工安装与使用维护的要求。

3 接缝宽度及接缝材料应根据外墙板材料、立面分格、结构层间位移、温度变形等因素综合确定；所选用的接缝材料及构造应满足防水、防渗、抗裂、耐久等要求；接缝材料应与外墙板具有相容性；外墙板在正常使用下，接缝处的弹性密封材料不应失效。

4 接缝位置宜与建筑立面分格相对应，外墙板立面拼缝不宜形成倒 T 形缝。

5 当板缝空腔需设置导水管排水时，板缝内侧应增设密封构造。

6 宜避免接缝跨越防火分区，当接缝跨越防火分区时，接缝室内侧应采用耐火材料封堵。

7 外墙板接缝采用的材料其防水性能应符合本规程（材料

章节)相关要求。

8.6.3 外墙门窗应采用标准化部件,并宜采用企口、预留副框或预埋件等方法与墙体可靠连接。

8.6.4 女儿墙板内侧在泛水高度处应设凹槽、挑檐或其他泛水收头等构造。

8.7 全 装 修

8.7.1 装配式建筑全装修设计应包含:

   1 采用材料、部品、部件的名称、规格、型号和主要性能指标;

   2 平面布局方案;

   3 给排水系统设计;

   4 电气系统设计;

   5 采暖系统设计;

   6 细部构造节点设计。

8.7.2 装修材料、部品部件应与主体结构有可靠的拉结锚固措施,在装修阶段不宜在建筑主体结构上二次开凿孔洞、沟槽,不应损坏主体结构。

8.7.3 厨房、卫生间设计应符合下列规定:

   1 厨房、卫生间宜采用标准化内装部品,选型和安装应与建筑主体结构一体化设计和施工;

   2 设计应考虑家电、洁具维修更新方便性和管线接口的匹配性;

   3 厨房、卫生间主体结构净尺寸应满足整体安装所需的最小平面尺寸及安装最小高度;

   4 整体卫生间宜采用一体成型底盘,避免渗水漏水。

8.7.4 装饰材料选择应符合下列规定:

   1 装饰材料所用材料的品种、规格、质量、燃烧性能以及有害物质限量,应符合设计要求及国家和地方现行相关标准的规定;

2 装饰材料应具备出厂合格证及相关检测报告；

3 装饰材料选择应考虑与建筑模数、家具尺寸等协调。

8.7.5 户内隔墙设计应符合下列规定：

1 轻质隔墙材料可为混凝土、蒸压砂加气砌块、预制条板、轻钢龙骨、木龙骨、玻璃等；

2 隔墙需满足功能房间对隔声的要求；

3 隔墙内水电管路铺设应采取可靠的固定措施，并进行验收；

4 隔墙周边与天花板、地面或墙面连接部位应密封严实，有整体防水、防潮要求的部位应采取相应的施工措施；

5 隔墙在壁挂空调、电视等安装位置应做加固处理。

8.7.6 集成地面的设计与安装应符合下列规定：

1 集成地面材料铺设前应确保楼面、架空层内管线铺设完成，并进行隐蔽工程项目验收；

2 地面材质根据设计选择，架空地面材料与支撑体系的地脚组件之间应有可靠连接；

3 采暖地面在地暖加热管铺设完成后应进行隐蔽工程项目验收。

9 设备管线设计

9.1 结构与管线分离

9.1.1 一般规定

1 设备管线宜采用集成化、标准化设计,管线与系统连接时宜少设接头或无接头;

2 设备管线宜在装修内敷设并合理选型、准确定位;

3 设备管线设计的预留预埋应不影响结构功能;不应在预制构件上剔凿沟槽、打孔开洞;穿越楼板管线较多且集中的区域可采用现浇楼板;

4 楼板管线交叉较多的区域宜基于 BIM 技术进行管网综合设计优化;

5 强弱电井、水暖井、风井及相应设备应统一集中设置于公共区域;

6 设备管线穿越叠合楼板、墙体时,应采取防水、防火、隔声、密封等措施;防火封堵应符合现行国家标准《建筑设计防火规范》GB 50016 的有关规定;

7 设备管线的抗震设计应符合现行国家标准《建筑机电工程抗震设计规范》GB 50981 的有关规定。

9.1.2 给排水

1 给水管道可敷设在吊顶、楼地面架空层内,设计应考虑防腐蚀、隔声减噪和防结露等要求;

2 采用给水分水器时,应考虑检修要求,并宜设置排水措施,其支管应与用水器具一一对应,中间不留接口;

3 需设置喷淋系统时,叠合墙板应预留套管,且水平管线宜在吊顶内布置；

4 宜采用同层排水技术；

5 管材、管件应满足防火、防腐、降噪等要求，同时便于安装与维修。

9.1.3 电气与智能化

1 强电、弱电及智能化系统的竖向主干线应在公共区域的电气竖井内设置；配电、照明套管及智能化、火灾报警联动系统套管可在吊顶、楼地面架空层内敷设；

2 配电箱、智能化配线箱不宜在预制构件内布置；

3 当吊灯、空调、锅炉等需在预制构件上安装时，应考虑采用预埋件固定；

4 设置在预制构件上的接线盒、连接管等应考虑预埋预留，出线口和接线盒应准确定位；

5 预制构件重要受力部位和节点连接区域不宜设置孔洞及接线；

6 预制构件内作为防雷引下线的钢筋，应在构件接缝处作可靠的电气连接并应设置明显标记；

7 外墙金属管道、栏杆、门窗等金属物与防雷装置应有效连接。

9.1.4 暖通、空调与燃气

1 通风设计应符合国家现行标准《民用建筑供暖通风与空气调节设计规范》GB 50736 和《建筑通风效果测试与评价标准》JGJ/T 309 的有关规定；

2 装配整体式叠合剪力墙建筑应采用适宜的节能技术，维持良好的热舒适性，降低建筑能耗，减少环境污染，并充分利用自然通风；

3 暖通空调等设备均宜选用能效比高的节能型产品，管线系统应协同设计，管线需穿墙时应预留套管；

4 低温地板辐射供暖系统可在叠合楼板找平层以上敷设；

5 燃气系统需根据其路由预留套管,设计应符合现行国家标准《城镇燃气设计规范》GB 50028 的有关规定。

9.1.5 整体卫生间、厨房

1 整体卫生间、厨房应考虑强弱电管线路由及相应接口;

2 整体卫生间所在区域结构底板宜降板,同时考虑给排水管线敷设并预留给排水接口。

9.2 结构与管线不分离

9.2.1 一般规定

1 设备管线设计应满足装配整体式叠合剪力墙结构中强电、弱电及智能化、给排水、消防、暖通空调、电梯系统等使用、运行、维护和维修要求;

2 设备管线应进行综合设计,并减少平面交叉;

3 强弱电水平套管可布置在叠合楼板的后浇层,预埋管线较密集区域且实施布线较困难的楼板宜现浇;

4 设备管道穿越楼板时,应有防水、防火、隔声、密封措施,管道宜采用预埋件或管卡等予以固定;

5 强电、弱电预埋管线需采用较小角度折线布置时,应在折弯点设置转接盒;

6 同层排水设计中,应结合设备管线布置要求确定降板方案;

7 采用集中集热的太阳能热水系统时,设计应考虑屋面荷载及管线布置要求。

9.2.2 给排水

1 给排水竖管宜沿管井敷设,穿楼板时应预留套管;给水管应水平敷设在找平层内。

2 室内给水管可在墙面留槽后沿竖向敷设,不应在叠合墙板的空腔内竖向敷设。

9.2.3 电气与智能化

1 公共区域的照明、火灾报警及联动、安防监控、网络覆盖等预埋管线时,竖向主管线宜沿强、弱电管井桥架敷设,水平管线宜在后浇层上部钢筋以下的预埋盒内敷设;

2 户内区域的配电及语音、数据、有线电视、可视对讲等预埋水平管宜在叠合板后浇层内敷设,竖向管可在叠合墙板的空腔内敷设;

3 防雷接地设计应按现行国家标准的规定执行,采用断热铝合金窗时应预留等电位接口;卫生间预埋等电位盒应与接地线有可靠连接;

4 竖向电气管线宜布置在叠合墙板空腔内,并应保持安全间距;

5 墙面预留安装电气设备的洞口应不影响结构使用功能、隔声及防火设计要求。

9.2.4 暖通、空调与燃气

1 集中采暖的循环管、集中太阳能热水竖管宜在管井内布置,水平管可在建筑楼板找平层或装饰层内敷设;

2 采暖系统采用低温地板辐射采暖时,采暖管应在叠合楼板找平层以上敷设;

3 天然气、暖通空调、消防通风管道需穿过叠合墙板时,宜预留套管。

10 结 构 设 计

10.1 一 般 规 定

10.1.1 装配整体式叠合剪力墙结构房屋的最大适用高度和底部加强部位应符合下列规定：

1 装配整体式叠合剪力墙结构房屋的最大适用高度应符合表 10.1.1 的规定：

表 10.1.1 装配整体式叠合剪力墙结构房屋的最大适用高度(m)

结构类型	抗震设防烈度	
	6 度	7 度
装配整体式 叠合剪力墙结构	90	80

2 装配整体式叠合剪力墙结构房屋的底部加强部位宜采用现浇混凝土结构。

10.1.2 满足下列条件时，装配整体式叠合剪力墙结构房屋的最大适用高度可增大至 100m。

1 建筑物外墙采用单面叠合剪力墙,中间空腔后浇混凝土的厚度不应小于 150mm,且底部加强部位的其他剪力墙体均应采用现浇剪力墙；

2 现行国家相关标准规定的边缘构件阴影区域应全部采用后浇混凝土,并在后浇段内设置封闭箍筋；

3 当设防烈度为 7 度时,底部加强部位层数在《高层建筑混凝土结构技术规程》JGJ 3 规定的基础上增加一层,约束边缘构件范围延伸至底部加强部位以上两层。

10.1.3 丙类装配整体式叠合剪力墙结构的抗震等级,应符合

表 10.1.3 的规定。乙类装配整体式叠合剪力墙结构应按本地区抗震设防烈度提高一度确定其抗震等级。

表 10.1.3 丙类装配整体式叠合剪力墙结构的抗震等级

设防烈度	6 度		7 度			8 度		
高度（m）	≤70	>70	≤24	>24 且≤70	>70	≤24	>24 且≤70	>70
抗震等级	四	三	四	三	二	三	二	一

10.1.4 装配整体式叠合剪力墙结构房屋的高宽比不宜超过 6。

10.1.5 叠合剪力墙可按与现浇剪力墙相同的方法进行截面设计。除本规程另有规定外，叠合剪力墙的截面设计应符合现行行业标准《高层建筑混凝土结构技术规程》JGJ 3 的有关规定。对于双面叠合剪力墙，剪力墙计算厚度 b_w 取全截面厚度；对于单面叠合剪力墙，b_w 取后浇混凝土厚度与考虑其受力的预制墙板厚度之和。

10.1.6 装配整体式叠合剪力墙结构的非承重墙体宜采用轻质材料墙体，墙体与主体结构应有可靠的连接，并应满足稳定和变形要求。

10.1.7 装配整体式叠合剪力墙结构的平面形状宜简单、规则，质量、刚度分布宜均匀。不应采用特别不规则的平面布置，并应符合国家现行标准《建筑抗震设计规范》GB 50011 和《高层建筑混凝土结构技术规程》JGJ 3 的相关规定。

10.1.8 装配整体式叠合剪力墙结构可采用与现浇剪力墙结构相同的方法进行结构分析。按弹性方法计算的风荷载或多遇地震标准值作用下的楼层层间最大水平位移与层高之比 $\Delta u/h$ 不应大于 1/1000。

10.2 作用及作用组合

10.2.1 作用及作用组合应根据国家现行标准《建筑结构荷载规范》GB 50009、《建筑抗震设计规范》GB 50011、《高层建筑混凝土结构技术规程》JGJ 3 和《混凝土结构工程施工规范》GB 50666 等确定。

25

10.2.2 预制构件在进行翻转、吊装、运输、安装等施工验算时，构件自重标准值应乘以动力系数。构件运输、吊运时，动力系数根据实际情况确定，并不宜小于 1.5；构件翻转及安装过程中就位、临时固定时，动力系数可取 1.2。

10.2.3 预制构件进行脱模验算时，等效静力荷载标准值应取构件自重标准值乘以动力系数后与脱模吸附力之和，且不宜小于构件自重标准值的 1.5 倍。动力系数不宜小于 1.2；脱模吸附力应根据构件和模具的实际情况取用，且不宜小于 $1.5kN/m^2$。

10.2.4 在预制墙板空腔中浇筑混凝土时，应验算预制墙板的稳定性。混凝土对预制墙板的作用应考虑不小于 1.2 的动力系数。

10.2.5 叠合楼板施工阶段验算时，施工活荷载应根据施工时的实际情况考虑，且不宜小于 $1.5kN/m^2$。

10.3 叠合剪力墙设计

10.3.1 叠合剪力墙设计应符合以下规定：

  1 当预制墙板参与叠合时，预制墙板混凝土强度等级不应低于 C30。预制墙板钢筋应根据计算确定，并应符合现行行业标准《高层建筑混凝土结构技术规程》JGJ 3 中关于剪力墙配筋率的规定。钢筋宜选用不低于 HRB400 级的热轧钢筋。钢筋直径不应小于 8mm，间距不宜大于 200mm。

  2 当外叶板不参与叠合计算时，预制墙板混凝土强度等级不宜低于 C30。预制墙板钢筋可选用 HPB300 级热轧钢筋，钢筋直径不应小于 6mm，间距不宜大于 200mm，并应满足预制板自身抗裂及耐久性的要求。

  3 预制墙板的混凝土保护层厚度应符合现行国家标准《混凝土结构设计规范》GB 50010 的规定。

  4 叠合剪力墙的计算厚度不应小于 200mm，内、外叶预制墙板厚度不宜小于 50mm。叠合剪力墙后浇空腔混凝土厚度不宜小于 100mm。后浇混凝土强度等级不宜低于 C30。

5 预制墙板中,钢筋桁架应满足图 10.3.1-5 中的规定。钢筋桁架布置应满足施工时浇筑混凝土的要求,且上、下弦钢筋直径不宜小于 8mm,腹筋直径不宜小于 6mm。斜腹筋与弦筋的角度可为 60°。钢筋桁架在预制墙板中应竖向布置。钢筋桁架的榀间距应根据计算确定,可取 400~600mm。钢筋桁架距叠合剪力墙板边缘的水平距离不宜大于 150mm。钢筋桁架的上、下弦钢筋可选用 HRB400 级热轧钢筋,斜腹筋可选用 HPB300 级热轧钢筋。

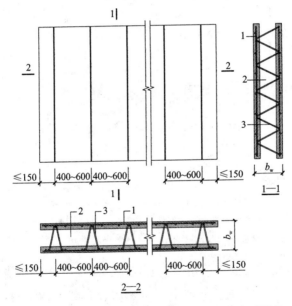

图 10.3.1-5　双面叠合剪力墙中钢筋桁架的布置要求
1—预制部分;2—后浇部分;3—钢筋桁架;b_w—剪力墙计算厚度

6 双面叠合剪力墙和单面叠合剪力墙的构造如图 10.3.1-6 所示。当采用单面叠合剪力墙时,内、外叶预制墙板间应有可靠连接。

27

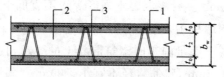

(a) 双面叠合剪力墙构造

1—预制部分；2—后浇部分；3—钢筋桁架；t_0—预制墙板厚度；
t_2—后浇混凝土层厚度；b_w—剪力墙计算厚度

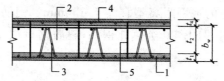

(b) 单面叠合剪力墙构造(无夹心保温层)

1—预制部分；2—后浇部分；3—桁架钢筋；4—外叶板钢筋网片；5—连接件；
t_1—预制内叶板厚度；t_2—后浇混凝土层厚度；t_4—预制外叶板厚度；b_w—剪力墙计算厚度

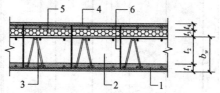

(c) 单面叠合剪力墙构造(带夹心保温层)

1—预制部分；2—后浇部分；3—桁架钢筋；4—外叶板钢筋网片；5—保温层；
6—连接件；t_1—预制内叶板厚度；t_2—后浇混凝土层厚度；
t_3—保温层厚度；t_4—预制外叶板厚度；b_w—剪力墙计算厚度

图 10.3.1-6 双面叠合剪力墙和单面叠合剪力墙的构造

10.3.2 建筑外墙宜采用带夹心保温的单面叠合剪力墙。

10.3.3 上部无塔楼的地下室可采用叠合剪力墙结构，地下室外墙宜按单面叠合剪力墙设计，内墙可按双面叠合剪力墙设计。

10.4 双面叠合剪力墙连接设计

10.4.1 双面叠合剪力墙竖向接缝应通过混凝土后浇段和水平连接钢筋连接。水平连接钢筋的间距宜与预制墙板中水平分布钢筋的间距相同，且不宜大于 200mm；水平连接钢筋的直径不应小于预制墙板中水平分布钢筋的直径。

10.4.2 双面叠合剪力墙约束边缘构件的阴影区域宜采用后浇混凝土，并在后浇段内设置封闭箍筋，约束边缘构件阴影区域可采用图 10.4.2-1 中所示的构造形式。约束边缘构件非阴影区的拉筋可由叠合墙板的钢筋桁架代替，钢筋桁架的面积、直径、间距应满足拉筋的相关规定。构造边缘构件阴影区域宜采用后浇混凝土，构造边缘构件阴影区域可采用图 10.4.2-2 中所示的构造形式。

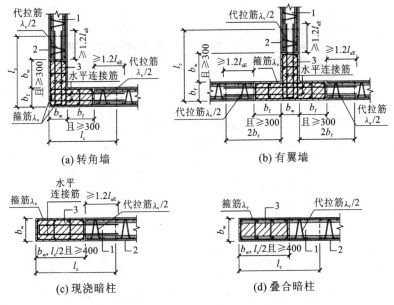

(a) 转角墙   (b) 有翼墙

(c) 现浇暗柱   (d) 叠合暗柱

图 10.4.2-1　双面叠合剪力墙约束边缘构件

1—后浇部分；2—双面叠合剪力墙；3—后浇段；l_c—约束边缘构件沿墙肢的长度

10.4.3 双面叠合剪力墙水平接缝高度 Δ 不宜小于 50mm，也不宜大于 100mm（图 10.4.3）。

10.4.4 叠合剪力墙水平接缝应通过竖向连接钢筋连接。竖向连接钢筋应通过水平接缝处的正截面承载力计算和受剪承载力计算确定，并应符合下列规定：

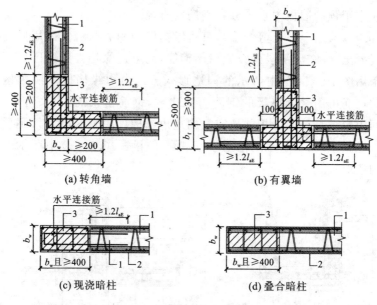

(a) 转角墙   (b) 有翼墙

(c) 现浇暗柱   (d) 叠合暗柱

图 10.4.2-2 双面叠合剪力墙构造边缘构件

1—后浇部分;2—双面叠合剪力墙;3—后浇段

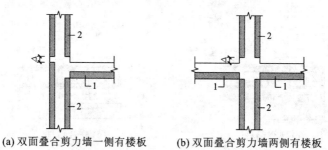

(a) 双面叠合剪力墙一侧有楼板   (b) 双面叠合剪力墙两侧有楼板

图 10.4.3 双面叠合剪力墙水平接缝高度要求($50\text{mm} \leqslant \Delta \leqslant 100\text{mm}$)

1—叠合楼板;2—双面叠合剪力墙

1 抗震设计时,竖向连接钢筋搭接长度不应小于 $1.2l_{aE}$ (图 10.4.4)。

2 竖向连接钢筋的间距不应大于双面叠合剪力墙的预制板中竖向分布钢筋的间距,且不宜大于 200mm;竖向连接钢筋截面中心与近侧预制板表面距离宜为 20mm。

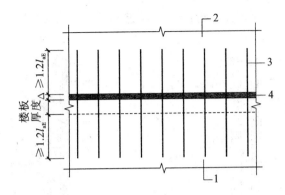

图 10.4.4 竖向连接钢筋搭接构造

1—下层叠合剪力墙；2—上层叠合剪力墙；3—竖向连接钢筋；4—楼层水平接缝

3 竖向连接钢筋的直径不应小于双面叠合剪力墙的预制板中竖向分布钢筋的直径。

10.4.5 叠合剪力墙水平接缝处的正截面承载力计算可考虑预制墙板的受压作用，但不应考虑预制墙板的受拉作用。

10.4.6 叠合剪力墙水平接缝处的受剪承载力应符合下列规定：

1 永久、短暂设计状况

$$V_{wj} \leqslant 0.6 f_y A_s + 0.8 N \qquad (10.4.6\text{-}1)$$

2 地震设计状况

$$V_{wj} \leqslant \frac{1}{\gamma_{RE}} (0.6 f_y A_s + 0.8 N) \qquad (10.4.6\text{-}2)$$

式中 V_{wj} ——叠合剪力墙水平接缝处剪力设计值；

A_s ——叠合剪力墙水平接缝处的竖向连接钢筋与后浇边缘构件中的竖向钢筋面积之和；

f_y ——竖向连接钢筋和后浇边缘构件中竖向钢筋的抗拉强度设计值；

N ——与接缝处剪力设计值相对应的垂直于水平接缝的轴向力设计值，压力时取正，拉力时取负，当大于 $0.6 f_c b h_0$ 时，取为 $0.6 f_c b h_0$；

γ_{RE} ——承载力抗震调整系数，取 0.85。

10.4.7 双面叠合剪力墙水平接缝可采用图 10.4.7 所示的连接构造。

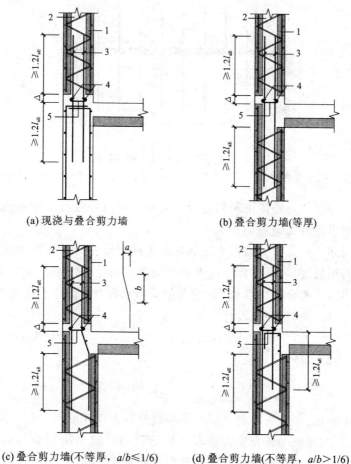

(a) 现浇与叠合剪力墙

(b) 叠合剪力墙(等厚)

(c) 叠合剪力墙(不等厚，$a/b \leq 1/6$)

(d) 叠合剪力墙(不等厚，$a/b > 1/6$)

图 10.4.7　双面叠合剪力墙水平接缝连接构造

1—预制部分；2—后浇部分；3—竖向连接钢筋；4—接缝处水平构造筋；5—接缝处构造拉筋

10.4.8 双面叠合剪力墙与女儿墙的水平接缝连接构造如图 10.4.8 所示。

10.4.9 非边缘构件位置，相邻预制双面叠合剪力墙之间的竖向接缝应设置后浇段(图 10.4.9)，后浇段的宽度不应小于墙厚

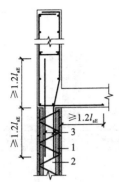 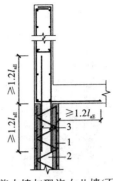

(a) 叠合剪力墙与现浇女儿墙(等厚)　　(b) 叠合剪力墙与现浇女儿墙(不等厚)

图 10.4.8　双面叠合剪力墙与女儿墙的水平接缝连接构造

1—预制部分；2—后浇部分；3—竖向连接钢筋

且不宜小于 200mm。水平连接钢筋的间距宜与预制墙板中水平分布钢筋的间距相同，且不宜大于 200mm；水平连接钢筋的直径不应小于预制墙板中水平分布钢筋的直径。

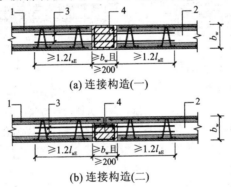

(a) 连接构造(一)

(b) 连接构造(二)

图 10.4.9　双面叠合剪力墙竖向接缝连接构造

1—预制部分；2—后浇部分；3—水平连接钢筋；4—后浇段

10.5　单面叠合剪力墙连接设计

10.5.1　单面叠合剪力墙的竖向接缝应通过后浇段连接。

10.5.2　单面叠合剪力墙约束边缘构件和构造边缘构件的阴影区域，宜采用后浇混凝土，并在后浇段内设置封闭箍筋。约束边缘构件和构造边缘构件阴影区域的构造可采用图 10.5.2-1 和图 10.5.2-2 中所示的构造形式。

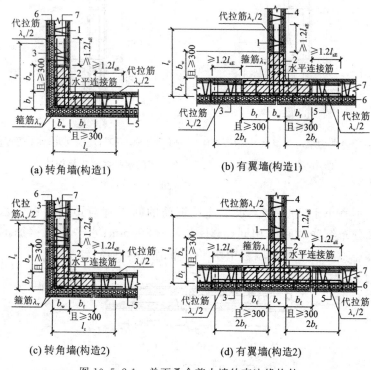

(a) 转角墙(构造1)

(b) 有翼墙(构造1)

(c) 转角墙(构造2)

(d) 有翼墙(构造2)

图 10.5.2-1 单面叠合剪力墙约束边缘构件

1—预制部分；2—后浇段；3—单面叠合剪力墙；4—双面叠合剪力墙；5—外叶板；6—保温层；7—连接件；l_c—约束边缘构件沿墙肢的长度

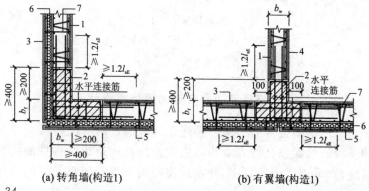

(a) 转角墙(构造1)

(b) 有翼墙(构造1)

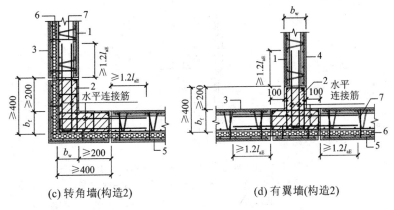

(c) 转角墙(构造2)　　　　　　(d) 有翼墙(构造2)

图 10.5.2-2　单面叠合剪力墙构造边缘构件

1—预制部分；2—后浇段；3—单面叠合剪力墙；4—双面叠合剪力墙；

5—外叶板；6—保温层；7—连接件

10.5.3　单面叠合剪力墙的竖向接缝可采用图 10.5.3 所示的连接构造。

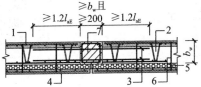

图 10.5.3　单面叠合剪力墙竖向接缝连接构造

1—预制部分；2—后浇部分；3—连接钢筋；4—外叶板；5—保温层；6—连接件；7—后浇段

10.5.4　单面叠合剪力墙水平接缝处的竖向连接钢筋应符合本标准第 10.4.4～10.4.7 条的规定。水平接缝高度，外叶板处 Δ_2 宜为 20mm，内叶板处 Δ_1 宜为 50mm。内叶板接缝处后浇混凝土应浇筑密实(图 10.5.4)。

10.5.5　单面叠合剪力墙水平接缝可采用图 10.5.5 所示的连接构造。

10.5.6　单面叠合剪力墙与女儿墙水平接缝连接构造如图 10.5.6 所示。

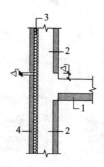

图 10.5.4　单面叠合剪力墙水平接缝高度要求

1—叠合楼板；2—单面叠合剪力墙；3—保温层；4—外叶板；

Δ_1—内叶板拼缝高度；Δ_2—外叶板拼缝高度

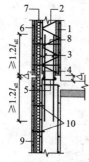

(a) 现浇与叠合剪力墙

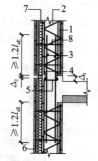

(b) 叠合剪力墙(等厚)

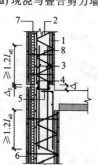

(c) 叠合剪力墙(不等厚，$a/b>1/6$)

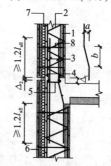

(d) 叠合剪力墙(不等厚，$a/b\leqslant1/6$)

图 10.5.5　单面叠合剪力墙水平接缝连接构造

1—预制部分；2—后浇部分；3—竖向连接钢筋；4—接缝处水平构造筋；5—接缝处构造拉筋；

6—外叶板；7—保温层；8—连接件；9—预制外模板；10—预制外模板连接件；

Δ_1—内叶板拼缝高度；Δ_2—外叶板拼缝高度

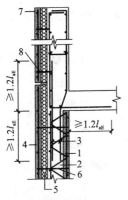

(a) 叠合剪力墙与现浇女儿墙(等厚)　　(b) 叠合剪力墙与现浇女儿墙(不等厚)

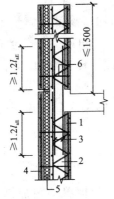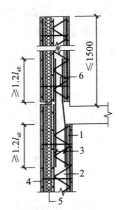

(c) 叠合剪力墙与叠合女儿墙(等厚)　　(d) 叠合剪力墙与叠合女儿墙(不等厚)

图 10.5.6　单面叠合剪力墙与女儿墙水平接缝连接构造

1—预制部分；2—后浇部分；3—竖向连接钢筋；4—外叶板；5—保温层；

6—连接件；7—预制外模板；8—预制外模板连接件

10.6　楼盖设计

10.6.1　叠合楼板设计应符合《混凝土结构设计规范》GB 50010
的规定，并应符合下列规定：

　　1　叠合楼板的预制板厚度不宜小于 60mm，后浇混凝土
叠合层厚度不应小于 60mm；

2 跨度大于 3m 的叠合楼板,应采用桁架钢筋混凝土叠合楼板;

3 跨度大于 6m 的叠合楼板,宜采用预应力混凝土预制板,也可采用预制双向混凝土板;

4 板厚大于 180mm 的叠合楼板,其预制板宜采用混凝土空心板。

10.6.2 装配整体式叠合剪力墙结构的楼面梁可采用现浇、预制或叠合梁,楼板可采用现浇或叠合板。叠合板的后浇叠合层也可采用陶粒混凝土。

10.6.3 梁与梁、梁与墙、梁与板的连接节点应传力可靠、构造合理,满足承载力、变形、延性和耐久性等要求。

10.6.4 楼面梁采用叠合梁时,叠合梁的构造设计应满足现行行业标准《装配式混凝土结构技术规程》JGJ 1 的规定,叠合梁两端竖向接缝的受剪承载力计算应按现行行业标准《装配式混凝土结构技术规程》JGJ 1 的相关规定进行。

10.6.5 叠合楼板可采用单向[图 10.6.5(a)]或双向预制叠合板[图 10.6.5(b)、图 10.6.5(c)、图 10.6.5(d)]的形式。

10.6.6 单向叠合板板侧的分离式接缝宜配置附加钢筋(图 10.6.6),并应符合下列规定:

1 接缝处贴预制板顶面宜设置垂直于板缝的附加钢筋,附加钢筋伸入两侧后浇混凝土叠合层的锚固长度不应小于 15d（d 为附加钢筋的直径）;

2 附加钢筋的截面面积不宜小于预制板中该方向钢筋面积,钢筋直径不宜小于 8mm,间距不宜大于 250mm。

10.6.7 双向叠合板板侧的整体式接缝应设置在叠合板的次要受力方向且宜避开最大弯矩截面。接缝采用后浇带形式(图 10.6.7),并应符合下列规定:

1 后浇带宽度不宜小于 200mm;

2 后浇带两侧板底纵向受力钢筋可在后浇带中焊接、搭接、弯折锚固、机械连接,板底通长钢筋面积不应小于预制板中

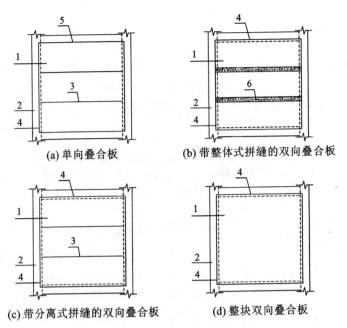

(a) 单向叠合板

(b) 带整体式拼缝的双向叠合板

(c) 带分离式拼缝的双向叠合板

(d) 整块双向叠合板

图 10.6.5 预制叠合板形式

1—预制叠合板;2—梁或墙;3—板侧分离式拼缝;4—板端支座;

5—板侧支座;6—板侧整体式拼缝

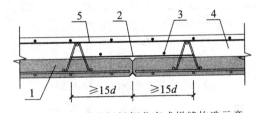

图 10.6.6 单向板板侧分离式拼缝构造示意

1—预制叠合板;2—接缝连接纵筋;3—通长钢筋;4—后浇层;5—后浇层内钢筋

该方向钢筋面积。

3 当后浇带两侧板底纵向受力钢筋在后浇带中搭接连接时,应符合下列规定:

1)预制板板底外伸钢筋为直线形[图 10.6.7(a)]时,钢筋搭接长度应符合现行国家标准《混凝土结构设计规范》GB 50010

的有关规定；

2）预制板板底外伸钢筋端部为 90°或 135°弯钩［图 10.6.7 (b)、(c)］时,钢筋搭接长度应符合现行国家标准《混凝土结构设计规范》GB 50010 有关钢筋锚固长度的规定,90°和 135°弯钩弯起长度分别为 12d 和 5d (d 为钢筋直径)。

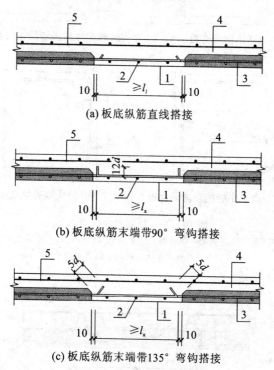

(a) 板底纵筋直线搭接

(b) 板底纵筋末端带 90° 弯钩搭接

(c) 板底纵筋末端带 135° 弯钩搭接

图 10.6.7 双向叠合板整体式拼缝构造示意

1—预制叠合板；2—板底通长钢筋；3—纵向受力钢筋；4—后浇层；5—后浇层内钢筋

10.6.8 现浇屋面板与叠合墙板相连时,楼板支座处纵向钢筋应符合下列规定：

1 现浇屋面板底纵向钢筋宜从板端伸出并锚入支承梁或墙的后浇混凝土中,锚固长度不应小于 5d(d 为纵向受力钢筋直径),且宜伸过支座中心线［图 10.6.8(a)］。

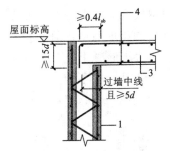

(a) 双面叠合墙板边节点

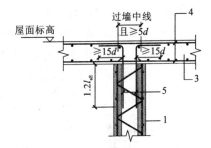

(b) 双面叠合墙板中间节点

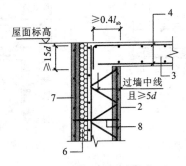

(c) 单面叠合墙板边节点

图 10.6.8 现浇屋面板与叠合剪力墙连接节点构造示意

1—双面叠合剪力墙；2—单面叠合剪力墙；3—现浇楼板；4—楼板受力钢筋；
5—附加钢筋；6—保温层；7—外叶板；8—连接件

2 中节点处，附加钢筋直径不应小于叠合墙板中竖向分布钢筋的直径，间距不应大于双面叠合剪力墙的预制板中竖向分布钢筋的间距，且不宜大于 200mm。附加钢筋水平段长度不小于 15d（d 为纵向受力钢筋直径）。

10.6.9 叠合楼板支座处的纵向钢筋应符合下列规定：

1 板端支座处，预制板内的下部纵向受力钢筋宜从板端伸出并锚入支承梁或墙的后浇混凝土中，锚固长度不应小于 5d（d 为纵向受力钢筋直径），且宜伸过支座中心线（图 10.6.9-1）。

2 板侧支座处，当预制板内的板底分布钢筋伸入支承梁或墙的后浇混凝土中时，应符合本条第 1 款的要求；当板底分布钢筋不伸入支座时，宜贴预制板顶面的后浇混凝土叠合层中设置附

41

加钢筋,附加钢筋截面面积不宜小于预制板内的同向分布钢筋面积,间距不宜大于300mm。附加钢筋在单向板的后浇混凝土叠合层内锚固长度不应小于15d,在双向板的后浇混凝土叠合层内锚固长度不应小于l_t,附加钢筋在支座内锚固长度不应小于15d(d 为附加钢筋直径),且宜伸过支座中心线(图10.6.9-2)。

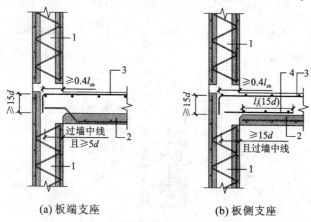

(a) 板端支座   (b) 板侧支座

图10.6.9-1 双面叠合剪力墙与叠合楼板连接节点构造示意

1—双面叠合剪力墙;2—预制板;3—楼板受力钢筋;4—附加钢筋

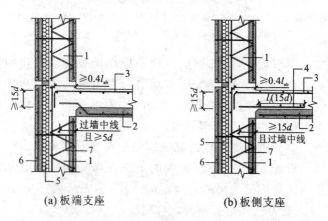

(a) 板端支座   (b) 板侧支座

图10.6.9-2 单面叠合剪力墙与叠合楼板连接节点构造示意

1—单面叠合剪力墙;2—预制板;3—楼板受力钢筋;4—附加钢筋;
5—保温层;6—外叶板;7—连接件

10.6.10 叠合剪力墙结构的连梁可采用叠合连梁或现浇连梁。叠合连梁可采用如图 10.6.10 所示的水平叠合连梁或竖向叠合连梁。

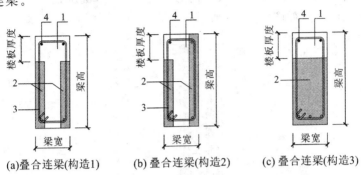

(a)叠合连梁(构造1)　　(b)叠合连梁(构造2)　　(c)叠合连梁(构造3)

图 10.6.10　叠合剪力墙的连梁示意图
1—后浇部分；2—预制部分；3—连梁箍筋；4—连梁纵筋

10.6.11 作为上部结构嵌固部位的楼层、结构复杂或开大洞的楼层、屋面等应采用现浇楼层。

10.7　地下室设计

10.7.1 高层装配整体式叠合剪力墙结构宜设置地下室,当高度超过 50m 时,应设置地下室。地下室宜采用现浇混凝土结构。当地下室采用叠合剪力墙结构时,地下室叠合外墙空腔后浇混凝土层的厚度不应小于 200mm,当采用单面叠合剪力墙时,外叶预制板不参与叠合受力计算。

10.7.2 地下室顶板作为上部结构的嵌固端时,塔楼平面投影及其相关范围内的地下室顶板应采用现浇梁板结构,塔楼平面投影及其相关范围以外的地下室顶板和不作为上部结构嵌固端的地下室楼板可采用装配整体式叠合楼板或装配整体式密肋空腔楼板。采用装配整体式密肋空腔楼板时,应符合现行行业标准《密肋复合板结构技术规程》JGJ/T 275 的相关规定。

10.7.3 地下室墙体采用叠合剪力墙时应符合下列规定：

1 地下室叠合剪力墙与现浇混凝土基础连接处,竖向连接钢筋应伸入施工缝以上的叠合剪力墙内锚固。连接钢筋与叠合剪力墙预制墙板内的纵向钢筋的搭接长度,抗震设计时不应小于 $1.6l_{aE}$,如图 10.7.3 所示。

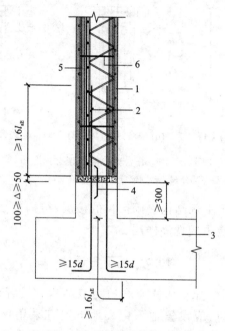

图 10.7.3　地下室叠合外墙构造示意

1—内叶板;2—竖向连接钢筋;3—基础;4—止水钢带;

5—外叶板;6—连接件;△—水平接缝

2 竖向连接钢筋应通过计算确定,且其抗拉承载力不应小于叠合剪力墙预制墙板内竖向分布钢筋抗拉承载力的 1.1 倍。

10.7.4 当建筑物地下室采用叠合剪力墙结构时,除应满足本节上述规定外,尚应符合现行国家标准《建筑抗震设计规范》GB 50011 和《混凝土结构设计规范》GB 50010 的相关规定。

11 非承重预制构件及其连接

11.1 一般规定

11.1.1 非承重预制构件主要包括非承重外墙板、内墙板以及附着于楼面和屋面结构的构件、部件和装饰部品等。

11.1.2 非结构构件应根据建筑的抗震设防类别以及非结构构件在地震作用下破坏的后果和影响,采取不同的抗震措施,达到预期的抗震性能目标。

11.1.3 非承重预制构件连接的抗震设计应符合现行国家标准《建筑抗震设计规范》GB 50011 的有关规定。

11.2 预制外墙板、内墙板及其连接

11.2.1 预制混凝土外墙板设计应符合国家现行标准《混凝土结构设计规范》GB 50010、《轻骨料混凝土结构技术规程》JGJ 12 和《装配式混凝土结构技术规程》JGJ 1 等相关规定。

11.2.2 外墙板设计应满足下列要求:

    1 保温、隔热、隔声、防水抗渗、气密性、抗冻融、防潮、防霉变、抗腐蚀性、防火、防雷、安全防范、耐久性和装饰美观等的要求;

    2 自承重、抗震、抗风、抗冲击和抗变形等自身结构承载力、刚度和稳定性要求;

    3 墙体及连接件应满足耐久性年限的要求。

11.2.3 外墙板的厚度应根据结构受力、节能设计等要求确定。

11.2.4 墙板构件的承载力、刚度可采用弹性方法计算。在风荷载标准值或多遇地震作用下,混凝土墙板的相对挠度不应大于板跨的 1/200。

11.2.5 外墙板与主体结构连接计算包含预埋件、转接件、螺栓及焊缝等的承载力计算。

11.2.6 金属件设计应考虑环境类别的影响,外露金属件设计时应有防腐措施要求;不同金属材料之间应有防止电化学反应的绝缘措施。

11.2.7 墙板不宜跨越主体建筑的变形缝;墙板构造缝设计应能满足主体变形的要求。

11.2.8 公共建筑节能设计应满足现行国家标准《公共建筑节能设计标准》GB 50189 的相关规定。住宅建筑的外墙板节能设计应满足现行湖北省地方标准《低能耗居住建筑节能设计标准》DB 42/T 559 的相关规定。

11.2.9 采用内保温墙身构造时,梁柱及楼板周围与外墙板内侧需留 30~50mm 的调整间隙。内保温应与防水做法结合,实现连续铺设。

11.2.10 墙板拼缝宽度应根据受力计算和施工安装要求等综合确定。

11.2.11 外墙板与主体结构宜采用柔性连接,连接节点应具有足够的承载力和适应主体结构变形的能力,并应采取可靠的防腐和防火措施。

11.2.12 内隔墙板设计应符合下列要求:

1 分户墙应满足防火、隔声、防潮、无腐蚀、防护和耐久性要求;采暖地区,无采暖设施的楼梯间分户墙尚应满足保温要求;

2 厨房、卫生间的分隔墙应满足防水、吊挂的要求;

3 内隔墙的燃烧性能和耐火极限应符合现行国家标准《建筑设计防火规范》GB 50016 和《住宅建筑规范》GB 50368 的相关规定,并应满足工程设计具体要求;面层装饰材料应符合现行国家标准《建筑内部装修设计防火规范》GB 50222 的有关规定;

4 预制内隔墙板应满足制作、运输、垛堆、吊装连接、管线设置、缝隙处理等要求。

11.2.13 当隔墙需吊挂重物和设备时,需经计算确定且不应采用单点固定。预埋件和锚固件均应做防腐处理。

12 构 件 制 作

12.1 一 般 规 定

12.1.1 生产单位应具备质量可靠的生产工艺设施和试验检测条件,建立完善的质量管理体系和制度,并宜建立质量可追溯的信息化管理系统。

12.1.2 预制构件生产前,应由建设单位组织设计、生产、施工、监理等单位进行设计文件交底和会审。对原设计图纸进行的专项设计及修正文件应经原设计单位确认。应根据设计文件、生产工艺、运输方案、吊装方案等编制加工详图。

预制构件生产前,应根据设计文件和工程施工组织设计的要求制定具体的生产方案,并应经监理单位审核批准后组织实施。生产方案应包含生产工艺、模具方案、生产计划、技术质量控制措施、成品保护、堆放及运输方案等内容。

12.1.3 预制构件制作前应完成以下深化图设计和验算:

  1 预制构件外形尺寸图、配筋图、吊件及埋件的细部构造图等;

  2 预制构件脱模、翻转过程中混凝土强度、构件承载力、构件变形以及预埋吊件的承载力验算等。

12.2 模 具

12.2.1 根据生产工艺、产品类型等制定模具方案。

12.2.2 模具的强度、刚度和整体稳定性应满足生产要求,并应考虑预制构件预埋孔、插筋、预埋吊件等定位要求:

1 模具的设计应满足预制构件质量、生产工艺、模具组装与拆卸、周转次数等要求；

2 用作底模的台模、胎膜、地坪及铺设的底板等应平整光洁，不应有下沉、裂缝、锈渍、起砂和起鼓；

3 当采用台座生产预制构件时，台座表面应光滑平整，2m 长度内表面平整度允许误差不应大于 2mm，在气温变化较大的地区宜设置伸缩缝。

12.2.3 预制构件模具尺寸的允许偏差和检验方法应符合表 12.2.3 的规定。

表 12.2.3 预制构件模具尺寸的允许偏差和检验方法

项次	检验项目、内容		允许偏差（mm）	检验方法
1	长度	≤6m	+1，−2	用钢尺量平行构件高度方向，取其中偏差绝对值最大处
		>6m 且≤12m	+2，−4	
		>12m	+3，−5	
2	宽度、高（厚）度	墙板	+1，−2	用钢尺测量两端或中部，取其中偏差绝对值最大处
		其他构件	+2，−4	
3	底模表面平整度		2	用 2m 靠尺和塞尺量
4	对角线差		3	用钢尺量对角线
5	侧向弯曲		L/1500 且≤5	拉线，用尺量测侧向弯曲最大处
6	翘曲		L/1500	对角拉线测量交点间距离值的两倍
7	组装缝隙		1	用塞片或塞尺量测，取最大值
8	端模与侧模高低差		1	用钢尺量

注：L 为模具与混凝土构件接触面中最长边的尺寸，单位 mm。

12.2.4 预埋件和预留孔洞宜在模具上精确定位并固定，其安装允许偏差应符合表 12.2.4 的规定。

表 12.2.4 设置预埋件、预留孔洞的模具安装允许偏差

项次	检验项目		允许偏差（mm）	检验方法
1	预埋钢板、建筑幕墙用槽式预埋组件	中心线位置	3	用尺量测纵横两个方向的中心线位置，记录其中较大值
		平面高差	±2	钢直尺和塞尺检查
2	预埋管、电线盒、电线管水平盒垂直方向的中心线位置偏移、预留孔、浆锚搭接预留孔（或波纹管）		2	用尺量测纵横两个方向的中心线位置，记录其中较大值
3	插筋	中心线位置	3	用尺量测纵横两个方向的中心线位置，记录其中较大值
		外露长度	+10,0	用尺量测
4	预埋螺栓	中心线位置	2	用尺量测纵横两个方向的中心线位置，记录其中较大值
		外露长度	+5,0	用尺量测
5	预埋螺母	中心线位置	2	用尺量测纵横两个方向的中心线位置，记录其中较大值
		平面高差	±1	钢直尺和塞尺检查
6	预留洞	中心线位置	3	用尺量测纵横两个方向的中心线位置，记录其中较大值
		尺寸	+3,0	用尺量测纵横两个方向尺寸，取其最大值

12.3 生 产 制 作

12.3.1 叠合墙板应采用机组流水线方式生产，以提高构件的生产效率和产品质量。

12.3.2 叠合墙板的成型宜采用移动式钢模台翻转装置制造。

12.3.3 钢筋宜采用自动化机械设备加工，并应符合现行国家

标准《混凝土结构工程施工规范》GB 50666 的有关规定。接头
连接力学性能应符合现行国家规范的相关规定。

12.3.4 钢筋半成品、钢筋网片、钢筋骨架和钢筋桁架应检查合
格后方可进行安装,并应符合下列规定:

1 钢筋表面不得有油污、腐蚀。钢筋焊点无裂纹或烧伤
等缺陷,焊点脱焊、漏焊的数量不超过 5%,且相邻的焊点无脱
焊、漏焊。同一批次半成品抽样比例不低于 10%,且不少于 3
件。对于焊接不合格的,应修整合格后再次送检,并全检。

2 钢筋网片和钢筋骨架宜采用吊架进行吊运。

3 混凝土保护层厚度应满足设计要求。保护层垫块宜与
钢筋骨架或网片绑扎牢固,按梅花状布置,间距满足钢筋限位及
控制变形要求,钢筋绑扎丝甩扣弯向构件内侧。

4 钢筋成品的尺寸偏差应符合表 12.3.4-1 的规定,钢筋
桁架的尺寸偏差应符合表 12.3.4-2 的规定。

表 12.3.4-1　钢筋网或钢筋骨架尺寸允许偏差

项目		允许偏差(mm)	检验方法
钢筋网片	长、宽	±5	钢尺检查
	网眼尺寸	±10	钢尺量连续三档,取最大值
	对角线	5	钢尺检查
	端头不齐	5	钢尺检查
钢筋骨架	长	0,−5	钢尺检查
	宽	±5	钢尺检查
	高(厚)	±5	钢尺检查
	主筋间距	±10	钢尺量两端、中间各一点,取最大值
	主筋排距	±5	钢尺量两端、中间各一点,取最大值
	箍筋间距	±10	钢尺量连续三档,取最大值
	弯起点位置	15	钢尺检查
	端头不齐	5	钢尺检查
	保护层　柱、梁	±5	钢尺检查
	板、墙	±3	钢尺检查

表 12.3.4-2 钢筋桁架尺寸允许偏差

项次	检验项目	允许偏差(mm)
1	长度	总长度的±0.3%,且≤±10
2	高度	+1,−3
3	宽度	±5
4	扭翘	≤5

12.3.5 预埋件用钢材及焊条的性能应符合设计要求。预埋件加工偏差应符合表 12.3.5 的规定。

表 12.3.5 预埋件加工允许偏差

项次	检验项目		允许偏差(mm)	检验方法
1	预埋件锚板的边长		0,−5	用钢尺量测
2	预埋件锚板的平整度		1	用直尺和塞尺量测
3	锚筋	长度	10,−5	用钢尺量测
		间距偏差	±10	用钢尺量测

12.3.6 预制构件生产单位应在混凝土浇筑前进行隐蔽工程检查,检查项目应包括:

　　1 钢筋的牌号、规格、数量、位置和间距;

　　2 纵向受力钢筋的连接方式、接头位置、接头质量、接头面积百分率、搭接长度、锚固方式及锚固长度;

　　3 箍筋弯钩的弯折角度及平直段长度;

　　4 钢筋的混凝土保护层厚度;

　　5 预埋件、吊环、插筋、预留孔洞的规格、数量、位置及固定措施;

　　6 预埋线盒和管线的规格、数量、位置及固定措施;

　　7 叠合墙板保温层位置和厚度,拉接件的规格、数量和位置。

12.3.7 混凝土浇筑应符合下列规定：

1 混凝土浇筑前，预埋件及预留钢筋的外露部分宜采取防止污染的措施；

2 混凝土落模高度不宜大于 600mm，并应均匀摊铺；

3 混凝土浇筑应连续进行；

4 混凝土从出机到浇筑完毕的延续时间，气温高于 25℃时不宜超过 60min，气温不高于 25℃时不宜超过 90min。

12.3.8 混凝土振捣除满足现行国家标准《混凝土结构工程施工规范》GB 50666 的有关规定外，还应符合下列规定：

1 混凝土宜采用机械振捣方式成型。振捣设备应根据混凝土的品种、预制构件的规格和形状等因素确定，应制定振捣成型操作规程。

2 当采用振捣棒时，混凝土振捣过程中不应碰触钢筋骨架、面砖和预埋件。

3 混凝土振捣过程中应随时检查模具有无漏浆、变形以及预埋件有无移位等现象。

12.3.9 预制构件的养护应符合现行国家标准《混凝土结构工程施工规范》GB 50666 的有关要求。

预制构件采用加热养护时，应制定养护制度对静停、升温、恒温和降温时间进行控制，升温、降温速度不应超过 20℃/h，最高养护温度不宜超过 70℃。

12.3.10 预制构件的饰面应符合设计要求。带面砖或石材饰面的预制构件宜采用反打成型制作。

12.3.11 采用现浇混凝土或砂浆连接的预制构件结合面，制作时应按设计要求进行处理。

12.3.12 预制构件侧模拆除时的混凝土强度应能保证其表面及棱角不受损伤。脱模起吊时，预制构件的混凝土强度应满足设计要求，且不应小于 15MPa。

12.4 质 量 验 收

12.4.1 预制构件生产时应采取措施避免出现外观质量缺陷。
外观质量缺陷根据其影响结构性能、安装和使用功能的严重程
度可划分为严重缺陷和一般缺陷。预制构件外观质量缺陷划分
见表 12.4.1 的规定。

表 12.4.1 预制构件外观质量缺陷分类

名称	现象	严重缺陷	一般缺陷
漏筋	构件内钢筋未被混凝土包裹而外露	纵向受力钢筋有露筋	其他钢筋有少量露筋
蜂窝	混凝土表面缺少水泥砂浆而形成石子外露	构件主要受力部位有蜂窝	其他部位有少量蜂窝
孔洞	混凝土空穴深度和长度均超过保护层厚度	构件主要受力部位有孔洞	其他部位有少量孔洞
夹渣	混凝土中夹有杂物且深度超过保护层厚度	构件主要受力部位有夹渣	其他部位有少量夹渣
疏松	混凝土中局部不密实	构件主要受力部位有疏松	其他部位有少量疏松
裂缝	缝隙从混凝土表面延伸至混凝土内部	构件主要受力部位有影响结构性能或使用功能的裂缝	其他部位有少量不影响结构性能或使用功能的裂缝
连接部位缺陷	构件连接处混凝土缺陷及连接钢筋、连接件松动,插筋严重锈蚀、弯曲	连接部位有影响结构传力性能的缺陷	连接部位有基本不影响结构传力性能的缺陷
外形缺陷	缺棱掉角、棱角不直、翘曲不平、飞出凸肋等;装饰面砖粘结不牢、表面不平、砖缝不顺直等	清水或具有装饰的混凝土构件内有影响使用功能或装饰效果的外形缺陷	其他混凝土构件有不影响使用功能的外形缺陷
外表缺陷	构件表面麻面、掉皮、起砂、沾污等	具有重要装饰效果的清水混凝土构件有外表缺陷	其他混凝土构件有不影响使用功能的外表缺陷

12.4.2 预制构件出模后应及时对其外观质量进行全数目测检查。预制构件外观质量不应有缺陷,对已经出现的严重缺陷应制定技术处理方案进行处理并重新检验,对出现的一般缺陷应进行修整并达到合格。

12.4.3 预制构件不应有影响结构性能、安装和使用功能的尺寸偏差。对超过尺寸允许偏差且影响结构性能和安装、使用功能的部位应经原设计单位认可,制定技术处理方案进行处理,并重新检查验收。

12.4.4 预制构件尺寸偏差及预留孔、预留洞、预埋件、预留插筋和检验方法应符合表12.4.4-1、表12.4.4-2和表12.4.4-3的规定。与预制构件粗糙面相关的尺寸允许偏差可放宽1.5倍。

表 12.4.4-1 预制楼板类构件外形尺寸的允许偏差及检验方法

项次	检查项目			允许偏差 (mm)	检验方法
1	规格尺寸	长度	<12m	±5	用尺量两端及中间部位,取其中偏差绝对值较大值
			≥12m 且<18m	±10	
			≥18m	±20	
2		宽度		±5	用尺量两端及中间部位,取其中偏差绝对值较大值
3		厚度		±5	用尺量板四角和四边中部位置共8处,取其中偏差绝对值较大值
4	外形	对角线差		6	在构件表面,用尺量测两对角线的长度,取其绝对值的差值
5		表面平整度	内表面	4	用2m靠尺安放在构件表面上,用楔形塞尺量测靠尺与表面之间的最大缝隙
			外表面	3	
6		楼板侧向弯曲		$L/750$ 且 ≤20mm	拉线,钢尺量最大弯曲处
7		扭翘		$L/750$	四对角拉两条线,量测两线交点之间的距离,其值的2倍为扭翘值

项次	检查项目			允许偏差（mm）	检验方法
8	预埋部件	预埋钢板	中心线位置偏移	5	用尺量测纵横两个方向的中心线位置，记录其中较大值
			平面高差	0，−5	用尺紧靠在预埋件上，用楔形塞尺量测预埋件平面与混凝土面的最大缝隙
9		预埋螺栓	中心线位置偏移	2	用尺量测纵横两个方向的中心线位置，记录其中较大值
			外露长度	+10，−5	用尺量
10		预埋线盒、电盒	在构件平面的水平方向中心线位置偏差	10	用尺量
			与构件表面混凝土高差	0，−5	用尺量
11	预留孔		中心线位置偏移	5	用尺量测纵横两个方向的中心线位置，记录其中较大值
			孔尺寸	±5	用尺量测纵横两个方向的尺寸，取其最大值
12	预留洞		中心线位置偏移	5	用尺量测纵横两个方向的中心线位置，记录其中较大值
			洞口尺寸、深度	±5	用尺量测纵横两个方向的尺寸，取其最大值
13	吊环		中心线位置偏移	10	用尺量测纵横两个方向的中心线位置，记录其中较大值
			留出高度	0，−10	用尺量
14	桁架钢筋高度			+5，0	用尺量

表 12.4.4-2 预制墙板类构件外形尺寸的允许偏差及检验方法

项次	检查项目			允许偏差（mm）	检验方法
1	规格尺寸	高度		±4	用尺量两端及中间部位,取其中偏差绝对值较大值
2		宽度		±4	用尺量两端及中间部位,取其中偏差绝对值较大值
3		厚度	<0.3m	±4	用尺量板四角和四边中部位置共 8 处,取其中偏差绝对值较大值
			≥0.3m 且<0.6m	±6	
4	对角线差			5	在构件表面,用尺量测两对角线的长度,取其绝对值的差值
5	上下双层相对位置偏差			5	用尺量,取最大值
6	外形	表面平整度	内表面	4	用 2m 靠尺安放在构件表面上,用楔形塞尺量测靠尺与表面之间的最大缝隙
			外表面	3	
7		侧向弯曲		$L/1000$ 且≤20	拉线,钢尺量最大弯曲处
8		扭翘		$L/1000$	四对角拉两条线,量测两线交点之间的距离,其值的 2 倍为扭翘值
9	预埋部件	预埋钢板	中心线位置偏移	5	用尺量测纵横两个方向的中心线位置,记录其中较大值
			平面高差	0,−5	用尺紧靠在预埋件上,用楔形塞尺量测预埋件平面与混凝土面的最大缝隙
10		预埋螺栓	中心线位置偏移	2	用尺量测纵横两个方向的中心线位置,记录其中较大值
			外露长度	+10,−5	用尺量
11		预埋套筒、螺母	中心线位置偏移	2	用尺量测纵横两个方向的中心线位置,记录其中较大值
			平面高差	0,−5	用尺紧靠在预埋件上,用楔形塞尺量测预埋件平面与混凝土面的最大缝隙

项次		检查项目	允许偏差（mm）	检验方法
12	预留孔	中心线位置偏移	5	用尺量测纵横两个方向的中心线位置,记录其中较大值
		孔尺寸	±5	用尺量测纵横两个方向的尺寸,取其最大值
13	预留洞	中心线位置偏移	5	用尺量测纵横两个方向的中心线位置,记录其中较大值
		洞口尺寸、深度	±5	用尺量测纵横两个方向的尺寸,取其最大值
14	吊环	中心线位置偏移	10	用尺量测纵横两个方向的中心线位置,记录其中较大值
		与构件表面混凝土高差	0,−10	用尺量

表 12. 4. 4-3　装饰构件外观尺寸的允许偏差及检验方法

项次	装饰种类	检查项目	允许偏差(mm)	检验方法
1	通用	表面平整度	2	2m靠尺或塞尺检查
2		阳角方正	2	用托线板检查
3		上口平直	3	拉通线用钢尺检查
4	面砖、石材	接缝平直	3	用钢尺或塞尺检查
5		接缝深度	±5	用钢尺或塞尺检查
6		接缝宽度	±2	用钢尺检查

12.4.5　预制构件检查合格后,生产企业应出具产品合格证,并在产品合格证和构件上标记工程名称、构件编号、制作日期、合格状态、生产单位等信息。

12.4.6　面砖与混凝土的粘结强度应符合现行行业标准《建筑工程饰面砖粘结强度检验标准》JGJ 110 和《外墙饰面砖工程施工及验收规程》JGJ 126 的有关规定。

检查数量：按同一工程、同一工艺的预制构件分批抽样检验。

检验方法：检查试验报告单。

12.4.7 预制构件应按设计要求和现行国家标准《混凝土结构工程施工质量验收规范》GB 50204 等有关规定进行结构性能检验。预制构件质量验收应符合现行国家标准《建筑工程施工质量验收统一标准》GB 50300、《混凝土结构工程施工质量验收规范》GB 50204、《建筑节能工程施工质量验收规范》GB 50411、《建筑装饰装修工程质量验收标准》GB 50210 等的相关规定。

12.5 存放和运输

12.5.1 应制定预制构件的运输与堆放方案，其内容应包括运输时间、次序、堆放场地、运输线路、固定要求、堆放支垫及成品保护措施等。对于超高、超宽、形状特殊的大型构件的运输和堆放应有专门的质量安全保证措施。

12.5.2 预制构件的运输车辆应满足构件尺寸和载重要求，装卸与运输时应符合下列规定：

　　1 预制构件的运输线路应根据道路、桥梁的实际条件确定，场内运输宜设置循环线路；

　　2 装卸构件过程中，应采取保证车体平衡、防止车体倾覆的措施；

　　3 运输构件时，应采取防止构件移动、倾倒、变形等的固定措施；

　　4 运输构件时，应采取防止构件损坏的措施，对构件边角部或链索接触处的混凝土，宜设置保护衬垫；

　　5 运输细长构件时应根据需要设置水平支架。

12.5.3 预制构件存放应符合下列规定：

　　1 存放场地应平整、坚实，并应有良好的排水措施。

　　2 存放库区宜实行分区管理和信息化台账管理。

3 应按照产品品种、规格型号、检验状态分类存放,产品标识应明确、耐久,预埋吊件应朝上,标识应向外。

4 应合理设置垫块支点位置,确保预制构件存放稳定。垫块在构件下的位置宜与脱模、吊装时的起吊位置一致。

5 预制构件多层叠放时,每层构件间的垫块应上下对齐;预制楼板、叠合板、阳台板和空调板等构件宜平放,叠放层数不宜超过 6 层;长期存放时,应采取措施控制预应力构件起拱值和叠合板翘曲变形。

12.5.4 施工现场堆放的构件,宜按照安装顺序分类堆放,堆垛宜布置在吊运机械设备工作范围内且不受其他工序施工作业影响的区域。

12.5.5 预制构件的运输与堆放应符合下列规定:

1 当采用靠放架堆放或运输构件时,靠放架应具有足够的承载力和刚度,与地面倾斜角度宜不大于 80°;墙板宜对称靠放且外饰面朝外,构件上部宜采用木垫块隔离;运输时构件应采取固定措施。

2 当采用插放架直立堆放或运输构件时,宜采取直立运输方式;插放架应有足够的承载力和刚度,并应支垫稳固。

3 采用叠层平放的方式堆放或运输构件时,应采取防止构件产生裂缝的措施。

4 薄弱构件、构件薄弱部位和门窗洞口应采取防止变形开裂的临时加固措施。

13 结 构 施 工

13.1 一 般 规 定

13.1.1 装配整体式叠合剪力墙建筑应结合设计、生产、装配一体化的原则整体策划,协同建筑、结构、机电、装饰装修等专业要求,制定施工组织设计、施工方案;施工组织设计的内容应符合现行国家标准《建筑施工组织设计规范》GB/T 50502 的规定。

13.1.2 装配整体式叠合剪力墙结构施工应制定专项方案。专项施工方案应包括工程概况、编制依据、进度计划、施工场地布置、预制构件运输与存放、安装与连接施工、绿色施工、安全管理、质量管理、信息化管理、应急预案等内容。

13.1.3 施工前,应由建设单位组织设计、施工、监理等单位对设计文件进行交底和会审。

13.1.4 施工单位应根据装配整体式叠合剪力墙结构建筑的工程特点相应配置组织机构和人员。施工作业人员应具备岗位需要的基础知识和技能,施工单位应对管理人员、施工作业人员进行质量安全技术交底。

13.1.5 装配整体式叠合剪力墙结构施工前,应选择有代表性的单元进行预制构件试安装,并应根据试安装结果及时调整、完善施工工艺和施工方案,并按完善后的工艺和施工方案组织施工。

13.1.6 预制构件、安装用材料及配件等应符合设计要求、国家和地方现行有关标准及产品应用技术手册的规定,并应按照国家现行相关标准的规定由施工单位、监理单位等相关部门共同进行进场验收。验收时应根据签订的购销合同、国家规范、相关设计文件要求等对进场叠合墙板规格、型号、数量、质量以及预埋件数量、位置、尺寸,预留洞口位置、尺寸等进行验收。

13.1.7 装配整体式叠合剪力墙结构施工前应按设计要求和施工方案进行施工验算。施工验算应符合下列规定:

1 预制构件运输、码放及吊装过程中按运输、码放和吊装工况进行必要的施工验算;

2 吊装设备的吊装能力验算;

3 预制构件安装过程中,施工临时荷载作用下构件支撑系统和临时固定装置的变形和承载力验算。

13.2 安 装 准 备

13.2.1 施工现场应根据施工平面规划设置运输通道和存放场地,并应符合下列规定:

1 现场运输道路和存放场地应坚实平整,并应有排水措施。

2 施工现场内道路应按照构件运输车辆的行走要求及消防要求合理设置转弯半径及道路宽度、坡度。

3 预制构件运送到施工现场后,应按规格、品种、使用部位、吊装顺序分别设置存放。预制构件存放场地应设置在吊装设备的有效起重范围内且不受其他工序施工作业影响的区域,同时应在堆垛之间设置通道,通道间距宜为0.8～1.2m。

4 构件的存放架应具有足够的抗倾覆性能。

5 构件运输和存放对已完成结构、基坑有影响时,应经计算复核,并采取相应技术措施。

13.2.2 安装施工前,应进行测量放线、设置构件安装定位标识。测量放线应符合现行国家标准《工程测量规范》GB 50026的有关规定。

13.2.3 安装施工前应核对已施工完成结构、基础的外观质量和尺寸偏差,确认混凝土强度和预留预埋符合设计要求;应核对预制构件的混凝土强度、节点连接构造、临时支撑方案及预制构件的配件的型号、规格、数量等符合设计要求。

13.2.4 吊具应符合国家现行相关标准的有关规定,安装施工前,应按现行行业标准《建筑机械使用安全技术规程》JGJ 33 的有关规定,检查复核吊装设备及吊具处于安全操作状态,并核实现场环境、天气、道路状况等满足吊装施工要求;自制、改造、修复和新购置的吊具,应按国家现行相关标准的有关规定进行设计验算或试验检验,经认定合格后方可投入使用,并定期进行检查,预制构件的吊运应符合下列规定:

 1 根据预制构件形状、尺寸、重量和作业半径等要求选择吊具和起重设备,所采用的吊具、起重设备及施工操作,应符合国家现行有关标准及产品应用技术手册的规定;

 2 应采取保证起重设备的主钩位置、吊具及构件重心在竖直方向上重合的措施;吊索与构件水平夹角不宜小于60°,不应小于45°;吊运过程应平稳,不应有大幅度摆动,且不应长时间悬停;

 3 设专人指挥,操作人员应位于安全位置。

13.2.5 防护系统应按照施工方案进行搭设、验收,并应符合下列规定:

 1 工具式外防护架应试组装并全面检查,附着在构件上的防护系统应复核其与吊装系统的协调性;

 2 防护架应经计算确定;

 3 高处作业人员应正确使用安全防护用品,宜采用工具式操作架进行安装作业。

13.3 安 装 施 工

13.3.1 预制构件吊装应符合下列规定:

 1 应根据当天的作业内容进行班前技术安全交底;

 2 预制构件应按照合理吊装顺序起吊;

3 预制构件在吊装过程中,宜设置缆风绳控制构件转动。

13.3.2 预制构件吊装就位后,应及时校准并采取临时固定措施。预制构件就位校核与调整应符合下列规定:

1 预制墙板、预制柱等竖向构件安装后应对安装位置、安装标高、垂直度以及相邻构件平整度进行校核与调整;

2 叠合构件、预制梁等水平构件安装后应对安装位置、安装标高进行校核与调整;

3 水平构件安装后,应对相邻预制构件平整度、高低差、拼缝尺寸进行校核与调整;

4 装饰类构件应对装饰面的完整性进行检查;

5 临时固定措施、临时支撑系统应具有足够的强度、刚度和整体稳定性,应按现行国家标准《混凝土结构工程施工规范》GB 50666 的有关规定进行验算。

13.3.3 叠合剪力墙安装应符合下列规定:

1 吊钩应采用弹簧防开钩,预制板斜支撑安装就位后,完成校整并可靠固定后方可松开吊钩;

2 预制板安装就位后应按专项施工方案要求设置斜支撑,每个预制构件的斜支撑不宜少于 2 组,每组支撑上部支撑杆支撑点距离底部的距离不宜小于高度的 2/3,且不应小于高度的 1/2;

3 构件底部应设置可调整接缝厚度和底部标高的垫块,垫块应布置在对应斜支撑支撑点的正下方;

4 叠合墙板安装就位后可通过临时支撑对构件的位置和垂直度进行微调,然后进行叠合墙板竖向拼缝处附加钢筋安装,附加钢筋与现浇段钢筋网绑扎牢固;

5 后浇混凝土强度达到设计或规范规定要求后方可拆除预制板斜支撑。

13.3.4 叠合楼板的预制底板安装应符合下列规定:

1 垂直支撑宜采用工具式支撑,立柱的纵距、横距应经计算确定；

2 搁置于垂直支撑顶面的主梁可采用木枋、木工字梁或铝合金梁，主梁应垂直预制板内钢筋桁架的方向，主梁的间距应经计算确定；

3 预制底板起吊时，对跨度小于8m的可采用4点起吊，跨度大于或等于8m的应采用8点起吊，吊点位置距板边的距离为整板长的1/4～1/5，吊钩应钩住钢筋桁架上弦与腹筋交接处；

4 预制底板吊装前对可调托座进行调节，保证预制底板高度，预制底板吊装完后应对板底接缝高差进行校核；

5 预制底板的接缝宽度应满足设计要求；

6 临时支撑应在后浇混凝土强度达到设计要求后方可拆除，后浇混凝土同条件养护的混凝土立方体试件抗压强度应符合表13.3.4的规定。

表13.3.4 垂直支撑拆除时的混凝土强度要求

构件跨度（m）	达到设计混凝土强度等级值的百分率（%）
≤8	≥75
>8	≥100

13.3.5 预制楼梯安装应符合下列规定：

1 安装前，应检查楼梯构件平面定位、标高控制线及预埋螺杆平面定位，并宜设置调平装置；

2 就位后，应及时调整。

13.3.6 预制阳台板、空调板安装应符合下列规定：

1 安装前，应检查支座顶面标高及支撑面的平整度；

2 临时支撑应在后浇混凝土强度达到设计要求后方可拆除。

13.3.7 钢筋机械连接的施工应符合现行行业标准《钢筋机械连接技术规程》JGJ 107 的有关规定。

13.3.8 混凝土浇筑施工应符合下列规定：

1 预制构件叠合面应清除浮浆、松散骨料和污物，并洒水充分润湿。

2 混凝土强度等级和收缩性能应符合设计要求，浇筑时应采取保证混凝土或砂浆浇筑密实的措施。

3 模板应保证后浇混凝土部分的形状、尺寸和位置准确，并应防止漏浆。

4 混凝土分层浇筑高度应符合国家现行有关标准的规定，应在底层混凝土初凝前将上一层混凝土浇筑完毕。

5 楼板混凝土可单独浇筑，也可与墙板混凝土同时浇筑。与墙板混凝土同时浇筑时，宜等墙板浇筑完成后再进行浇筑。

6 混凝土浇筑应布料均衡，浇筑和振捣时，应对模板及支架进行观察和维护，发生异常情况应及时处理；构件接缝和连接节点处混凝土应连续浇筑，浇筑和振捣时应采取措施防止模板、连接构件、钢筋、预埋件及其定位件移位。

7 同一配合比的混凝土，每工作班且体量不超过100m³应制作1组标准养护试件，同一楼层应制作不少于3组标准养护试件。

13.4 施工安全与环境保护

13.4.1 装配整体式叠合剪力墙结构施工应执行国家、地方、行业和企业的安全生产法规和规章制度，落实各级各类人员的安全生产责任制。

13.4.2 安装作业施工过程中应按照现行行业标准《建筑施工安全检查标准》JGJ 59 和《建筑施工现场环境与卫生标准》JGJ 146、《建筑施工高处作业安全技术规范》JGJ 80、《建筑机械使用安全技术规程》JGJ 33 等现行标准规范有关安全、职业健康和环境保护的规定执行。

13.4.3 施工单位应根据工程施工特点对重大危险源进行分析

并予以公示,并制定对应的安全生产应急预案。

13.4.4 施工单位应对从事预制构件吊装作业及相关人员进行安全培训及安全交底,识别预制构件进场、卸车、存放、吊装、就位各环节的作业风险并制定防控措施;特种作业人员应持有效证件,作业人员在现场应戴安全帽,系安全带,穿防滑鞋。

13.4.5 塔式起重机、施工升降机安装、拆卸、加节等应有专项方案,方案中应有附墙装置安装、多塔作业防碰撞等措施。

13.4.6 安装作业前,应编制详细的安全专项措施及吊装措施,吊装作业安全应符合下列规定:

　　1 预制构件起吊后,应先将预制构件提升 300mm 左右,停稳构件,检查钢丝绳、吊具和预制构件状态,确认吊具安全且构件平稳后,方可缓慢提升构件。

　　2 吊机吊装区域内,非作业人员严禁进入;吊运预制构件时,构件下方严禁站人,应待预制构件降落至距地面 1m 以内方准作业人员靠近,就位固定后方可脱钩。

　　3 高空应通过缆风绳改变预制构件方向。

　　4 遇到雨、雪、雾天气,或者风力大于 5 级时,不得进行吊装作业。

13.4.7 施工外围护脚手架宜根据工程特点选择,并应编制详细的验算书及外围护安全专项施工方案。

13.4.8 应编制详细的高处作业及预防高处坠落安全保障措施。

13.4.9 在进行电、气焊作业时,应有防火措施和专人看守。

13.4.10 预制构件安装施工期间,噪声控制应符合现行国家标准《建筑施工场界环境噪声排放标准》GB 12523 的规定。

13.4.11 施工现场应加强对废水、污水的管理,现场应设置污水池和排水沟。废水、废液应统一处理,严禁未经处理直接排入下水管道。

13.4.12 夜间施工时,应防止光污染对周边居民的影响。

13.4.13 预制构件运输过程中,应保持车辆整洁,防止对道路的污染,并减少扬尘。

13.4.14 预制构件安装过程中废弃物等应进行分类回收。施工中产生的胶粘剂、稀释剂等易燃易爆废弃物应及时收集送至指定储存器内并按规定回收,严禁丢弃未经处理的废弃物。

13.5 成 品 保 护

13.5.1 交叉作业时,应做好工序交接,不得对已完成工序的成品、半成品造成破坏。

13.5.2 预制外墙板饰面层、石材、涂刷、门窗等处宜采用贴膜保护或其他专业材料保护。预制外墙板安装完毕后,门、窗框应采用槽型木框保护。

13.5.3 在装配整体式叠合剪力墙结构施工全过程中,应采取防止预制构件、部品及预制构件上的建筑附件、预埋件、预埋吊件等损伤或污染的保护措施。预埋螺栓孔应采取可靠措施进行填塞,防止混凝土浇筑时将其堵塞。

13.5.4 构件安装完成后,竖向构件阳角、楼梯踏步口宜采用木条、铝条或其他措施进行保护。

14 工程验收

14.1 一般规定

14.1.1 装配整体式叠合剪力墙结构施工应按现行国家标准《建筑工程施工质量验收统一标准》GB 50300 的有关规定进行单位工程、分部工程、分项工程和检验批的划分和质量验收。

14.1.2 装配整体式叠合剪力墙结构的装饰装修、机电安装等分部工程应按国家现行有关标准进行质量验收。

14.1.3 装配整体式叠合剪力墙结构工程应按混凝土结构子分部工程进行验收,装配整体式叠合剪力墙结构部分应按混凝土结构子分部工程的分项工程验收,混凝土结构子分部中其他分项工程应符合现行国家标准《混凝土结构工程施工质量验收规范》GB 50204 的有关规定。

14.1.4 装配整体式叠合剪力墙结构工程施工用的原材料、部品、构配件均应按检验批进行进场验收;预制构件的进场质量验收应符合现行国家标准《混凝土结构工程施工质量验收规范》GB 50204 的有关规定;装配整体式叠合剪力墙结构焊接、螺栓等连接用材料的进场验收应符合现行国家标准《钢结构工程施工质量验收规范》GB 50205 的有关规定。

14.1.5 装配整体式叠合剪力墙结构连接节点及叠合构件浇筑混凝土前,应进行隐蔽工程验收。隐蔽工程验收应包括下列主要内容:

    1 混凝土粗糙面;

    2 钢筋的牌号、规格、数量、位置、间距,箍筋的几何尺寸;

    3 钢筋的连接方式、接头位置、接头数量、接头面积百分率、搭接长度、锚固方式及锚固长度；

    4   预埋件、预留管线的规格、数量、位置；

    5   预制混凝土构件接缝处防水构造做法；

    6   保温及节点施工；

    7   其他隐蔽项目。

14.1.6 装配整体式叠合剪力墙结构的外观质量除设计有专门的规定外，尚应符合现行国家标准《混凝土结构工程施工质量验收规范》GB 50204 中关于现浇混凝土结构的有关规定；装配式建筑的饰面质量应符合设计要求，并应符合现行国家标准《建筑装饰装修工程质量验收规范》GB 50210 的有关规定。

14.1.7 装配整体式叠合剪力墙结构的接缝施工质量及防水性能应符合设计要求和国家现行有关标准的规定。

14.1.8 装配整体式叠合剪力墙结构子分部工程验收时，除应符合现行国家标准《混凝土结构工程施工质量验收规范》GB 50204 的有关规定提供文件和记录外，尚应提供下列文件和记录：

    1   通过图审机构审查的工程设计文件、预制构件制作和安装的深化设计图；

    2   预制构件、主要材料及配件的质量证明文件、进场验收记录、抽样复验报告；

    3   预制构件安装施工记录；

    4   后浇混凝土部位的隐蔽工程检查验收文件；

    5   后浇混凝土强度检测报告；

    6   外墙防水施工质量检验记录；

    7   装配式结构分项工程质量验收文件；

    8   装配式工程的重大质量问题的处理方案和验收记录；

    9   装配式工程的其他文件和记录。

14.1.9 给水排水及采暖工程质量验收应符合现行国家标准《建筑给水排水及采暖工程施工质量验收规范》GB 50242 的有关规定。

14.1.10 电气工程质量验收等应符合现行国家标准《建筑电气工程施工质量验收规范》GB 50303 及《火灾自动报警系统施工及验收规范》GB 50166 的有关规定。

14.1.11 通风与空调工程质量验收应符合现行国家标准《通风与空调工程施工质量验收规范》GB 50243 的有关规定。

14.1.12 智能化工程质量验收除应符合本标准外,尚应符合现行国家标准《智能建筑工程质量验收规范》GB 50339 的有关规定。

14.1.13 电梯工程质量验收等应符合现行国家标准《电梯工程施工质量验收规范》GB 50310 的有关规定。

14.1.14 建筑节能工程质量验收等应符合现行国家标准《建筑节能工程施工质量验收规范》GB 50411 的有关规定。

14.2 主控项目

14.2.1 专业企业生产的预制构件质量应符合本规程、国家现行有关标准的规定和设计的要求,进场时应检查质量证明文件。

检查数量:全数检查。

检验方法:检查质量证明文件或质量验收记录。

14.2.2 预制构件的实体检验与结构性能检验应符合现行国家标准《装配式混凝土建筑技术标准》GB/T 51231 的有关规定。

14.2.3 预制构件的外观质量不应有严重缺陷,且不应有影响结构性能和安装、使用功能的尺寸偏差。

检查数量:全数检查。

检验方法:观察、尺量;检查处理记录。

14.2.4 预制构件表面预贴饰面砖、石材等饰面与混凝土的粘结性能应符合设计和国家现行有关标准的规定。

检查数量:按批检查。

检验方法:检查拉拔强度检验报告。

14.2.5 预制构件上的预埋件、预留插筋、预埋管线等的规格和数量以及预留孔、预留洞的数量应符合设计要求。

检查数量：全数检查。

检验方法：观察。

14.2.6 预制构件临时固定措施应符合设计、专项施工方案要求及国家现行有关标准的规定。

检查数量：全数检查。

检验方法：观察检查，检查施工方案、施工记录或设计文件。

14.2.7 装配整体式叠合剪力墙结构采用后浇混凝土连接构件时，构件连接处后浇混凝土的强度应符合设计要求。

检查数量：按批检验，检验批应符合现行国家标准《混凝土结构工程施工质量验收规范》GB 50204 第 7.4.1 条的规定。

检验方法：应符合现行国家标准《混凝土强度检验评定标准》GB/T 50107 的有关规定。

14.2.8 钢筋采用机械连接时，其接头质量应符合现行行业标准《钢筋机械连接技术规程》JGJ 107 的有关规定。

检查数量：应符合现行行业标准《钢筋机械连接技术规程》JGJ 107 的有关规定。

检验方法：检查质量证明文件、钢筋机械连接施工记录及平行试件的强度试验报告。

14.2.9 钢筋采用焊接连接时，其焊缝的接头质量应满足设计要求，并应符合现行行业标准《钢筋焊接及验收规程》JGJ 18 的有关规定。

检查数量：应符合现行行业标准《钢筋焊接及验收规程》JGJ 18 的有关规定。

检验方法：检查质量证明文件、钢筋焊接接头检验批质量验收记录及平行加工试件的强度试验报告。

14.2.10 预制构件采用焊接连接时，焊缝的接头质量应满足设计要求，并应符合现行国家标准《钢结构焊接规范》GB 50661、《钢结构工程施工质量验收规范》GB 50205 和现行行业标准《钢筋焊接及验收规程》JGJ 18 的相关规定。

检查数量:全数检查。

检验方法:应符合现行国家标准《钢结构工程施工质量验收规范》GB 50205 和现行行业标准《钢筋焊接及验收规程》JGJ 18 的有关规定。

14.2.11 预制构件采用螺栓连接时,螺栓的材质、规格、拧紧力矩应符合设计要求及现行国家标准《钢结构设计标准》GB 50017 和《钢结构工程施工质量验收规范》GB 50205 的有关规定。

检查数量:全数检查。

检验方法:应符合现行国家标准《钢结构工程施工质量验收规范》GB 50205 的有关规定。

14.2.12 装配整体式叠合剪力墙结构分项工程的外观质量不应有严重缺陷,且不得有影响结构性能和安装、使用功能的尺寸偏差。

检查数量:全数检查。

检验方法:观察、量测;检查处理记录。

14.2.13 外墙板接缝的防水性能应符合设计要求

检查数量:按批检验。每 1000m² 外墙(含窗)面积应划分为一个检验批,不足 1000m² 时也应划分为一个检验批;每个检验批每 100m² 应至少抽查一处,抽查部位应为相邻两层 4 块墙板形成的水平和竖向十字接缝区域,面积不得少于 10m²。

检验方法:检查现场淋水试验报告。

14.3 一 般 项 目

14.3.1 预制构件应有标识。

检查数量:全数检查。

检验方法:观察。

14.3.2 预制构件外观质量不应有一般缺陷,出现的一般缺陷应要求构件生产单位按技术处理方案进行处理,并重新检查验收。

检查数量:全数检查。

检验方法:观察,检查技术处理方案和处理记录。

14.3.3 预制构件粗糙面的外观质量应符合设计要求。

检查数量:全数检查。

检验方法:观察,量测。

14.3.4 预制构件表面预贴饰面砖、石材等饰面及装饰混凝土饰面的外观质量应符合设计要求或国家现行有关标准的规定。

检查数量:按批检查。

检验方法:观察或轻击检查;与样板比对。

14.3.5 预制构件上的预埋件、预留插筋、预留孔洞、预埋管线等规格型号、数量应符合设计要求。

检查数量:按批检查。

检验方法:观察、尺量;检查产品合格证。

14.3.6 预制板类、墙板类、梁柱类构件外形尺寸偏差和检验方法应分别符合现行国家标准《装配式混凝土建筑技术标准》GB/T 51231中表9.7.4-1～表9.7.4-3的规定,施工过程中临时使用的预埋件,其中心线位置允许偏差可取规定数值的 2 倍。设计有专门规定时,尚应符合设计要求。

检查数量:按照进场检验批,同一规格(品种)的构件不超过100 个为一批,每批抽检数量不应少于该规格(品种)数量的 5%且不少于 3 件。

14.3.7 装饰构件的装饰外观尺寸偏差和检验方法应符合设计要求;当设计无具体要求时,应符合现行国家标准《装配式混凝土建筑技术标准》GB/T 51231 中表 9.7.4-4 的规定。

检查数量:按照进场检验批,同一规格(品种)的构件每次抽检数量不应少于该规格(品种)数量的 10%且不少于 5 件。

14.3.8 装配整体式叠合剪力墙结构施工后,其外观质量不应有一般缺陷。

检查数量:全数检查。

检验方法:观察,检查处理记录。

14.3.9 装配整体式叠合剪力墙结构分项工程的施工尺寸偏差及检验方法应符合设计要求;当设计无要求时,应符合表14.3.9的规定。

检查数量:按楼层、结构缝或施工段划分检验批。同一检验批内,对梁、柱和独立基础,应抽查构件数量的10%,且不少于3件;对墙和板,应按有代表性的自然间抽查10%,且不少于3间;对大空间结构,墙可按相邻轴线间高度5m左右划分检查面,板可按纵、横轴线划分检查面,抽查10%,且均不少于3面。

表 14.3.9　预制构件安装尺寸的允许偏差及检验方法

项目			允许偏差(mm)	检验方法
构件中心线对轴线位置	基础		15	尺量检查
	竖向构件(柱、墙、桁架)		10	
	水平构件(梁、板)		5	
构件标高	梁、柱、墙、板底面或顶面		±5	水准仪或尺量检查
构件垂直度	柱、墙	<5m	5	经纬仪或全站仪测量
		≥5m 且<10m	10	
		≥10m	20	
构件倾斜度	梁、桁架		5	垂线、钢尺量测
相邻构件平整度	梁、板底面	抹灰	5	钢尺、塞尺量测
		不抹灰	3	
	柱、墙侧面	外露	5	
		不外露	10	
构件搁置长度	梁、板		±10	尺量检查
支座、支垫中心位置	板、梁、柱、墙、桁架		10	尺量检查
墙板接缝	宽度		±5	尺量检查
	中心线位置			

75

14.3.10 装配整体式叠合剪力墙结构建筑的饰面外观质量应符合设计要求,并应符合现行国家标准《建筑装饰装修工程质量验收标准》GB 50210 的有关规定。

检查数量:全数检查。

检验方法:观察、对比量测。

本规程用词说明

1 为便于在执行本规程条文时区别对待,对要求严格程度不同的用词说明如下:

1）表示很严格,非这样做不可的:

正面词采用"必须";反面词采用"严禁";

2）表示严格,在正常情况下均应这样做的:

正面词采用"应";反面词采用"不应"或"不得";

3）表示允许稍有选择,在条件允许时首先这样做的:

正面词采用"宜";反面词采用"不宜";

4）表示有选择,在一定条件下可以这样做的,采用"可"。

2 条文中指明应按其他有关标准、规范执行的写法为:"应符合……的规定"或"应按……执行"。

装配整体式混凝土叠合剪力墙结构技术规程

条 文 说 明

目　录

1 范　围

　　湖北省大部分城市的抗震设防烈度为 6 度,仅少数区域的抗震设防烈度为 7 度,无抗震设防烈度为 8 度的城市,故不列入 8 度地区。特别不规则建筑的界定可参照现行国家标准《建筑抗震设计规范》GB 50011 的相关条文。

2 规范性引用文件

本章列出了本规程引用的国家标准、行业标准及地方标准目录。

3 术语和定义

3.0.3 单面叠合剪力墙中,仅考虑一侧预制板参与受力,另一侧预制板充当模板或外围护板。按照构造形式不同,单面叠合剪力墙可分为带夹心保温层和不带夹心保温层两种形式(详见本规程10.3.1条)。

4 符　　号

　　本规程基本沿用与《混凝土结构设计规范》GB 50010 等国家现行标准相同的符号，并增加了本规程专用的符号。

5 总 则

5.0.1 本条规定是制定本规程的基本方针和原则。

5.0.2 本条阐述了装配式建筑建设的基本原则,强调了可持续发展的绿色建筑全寿命期基本理念。

5.0.3 本条阐述了装配式建筑的系统以及系统的集成,强调了提升建筑性能与品质是装配式建筑设计的基本要求,提高质量、节约资源、节约造价是我国推行绿色建筑、节能环保的基本要求。

6 基 本 规 定

6.0.1 装配整体式叠合剪力墙结构房屋的设计建造不同于传统现浇剪力墙结构房屋。在建筑方案设计阶段应充分考虑装配式建筑的特点,重视整体策划及各专业同步协调,研究标准化构配件的经济性和可建造性。

应综合考虑各专业的设计要求以及加工、运输和施工安装要求等进行预制构件的专项设计。预制构件的拆分应同时满足模数协调、结构承载能力及便于构件制作、运输、安装施工的要求。根据构件生产能力、运输吊装能力的限制,一般单个构件质量不超过10t。预制剪力墙构件可在楼层处拆分,也可在高于楼层处拆分;叠合楼板主要受构件运输的限制,板宽一般不宜超过2.4m。

6.0.2 连接部位设计与构造是装配整体式叠合剪力墙结构设计的重要内容,连接部位的可靠性影响结构的整体受力性能和抗连续倒塌能力。按照本规程规定设计的装配整体式叠合剪力墙结构,其节点、拼缝等部位的连接构造措施可保证构件的连续性和结构的整体性。现浇钢筋混凝土高层建筑不应采用严重不规则的结构体系,装配整体式剪力墙结构的要求高于现浇结构。

6.0.4 根据装配整体式叠合剪力墙结构的特点,对预制构件的要求提出具体规定。

7 材 料

7.1 混 凝 土

7.1.2 在叠合剪力墙后浇混凝土浇筑过程中,为了保证混凝土浇捣密实,混凝土粗骨料的最大粒径不应大于 20mm,且不得超过钢筋最小净间距的 3/4。当采用自密实混凝土时,应符合现行行业标准《自密实混凝土应用技术规程》(JGJ/T 283—2012)的相关规定。

7.2 钢筋、型钢和连接材料

7.2.1 为节省材料,受力钢筋宜优先采用高强钢筋。

7.2.3 应鼓励在预制构件中采用钢筋焊接网,以提高建筑的工业化生产水平。

7.2.4 预制构件起吊用预埋件计算需同时考虑脱模、翻转等工况。吊环的选取需经过专门设计,并满足此条规定。当采用其他材质的吊环时,须提供可靠依据。

7.2.6 夹心保温墙板既可以作为结构构件承受荷载,同时具有保温节能功能,集承重、保温、防水、防火、装饰等多项功能于一体,已在美国、欧洲得到广泛的应用。目前,预制夹心保温墙体在我国也得到一定的推广应用。预制夹心保温墙体中内、外叶墙板的连接非常重要。针对内、外叶墙板连接件,美国现有工程中多采用非金属连接件,而欧洲实际工程中采用金属和非金属连接件的案例均较多。结合我国国情及工程实践,对两类连接件作了具体要求。

7.3 保温、密封材料

7.3.2 外墙板接缝处的密封材料,除应满足抗剪切和伸缩变形能力等力学性能要求外,尚应满足防水、防火、耐候、防霉等性能要求。密封胶的宽度和厚度应通过计算确定。外墙板接缝密封材料应符合现行行业标准《混凝土建筑接缝用密封胶》JC/T 881的规定,硅酮、聚氨酯、聚硫建筑密封胶应分别符合现行国家和行业标准《硅酮和改性硅酮建筑密封胶》GB/T 14683、《聚氨酯建筑密封胶》JC/T 482、《聚硫建筑密封胶》JC/T 483 的规定。

7.4 其他材料

7.4.2 装配式建筑所用砂浆宜采用聚合物改性水泥砂浆,其目的是为了防止拼缝处砂浆开裂。聚合物改性水泥砂浆的质量应符合现行行业标准《聚合物水泥防水砂浆》JC/T 984 的规定。

8 建 筑 设 计

8.1 一 般 规 定

8.1.1～8.1.3 集成化是工业化和产业化的要求,而工业化的前提是标准化和模数化。装配整体式建筑应用与推广应以工业化为手段,以产业化为目标,进行产品和技术配套开发。从结构系统、外围护系统、设备与管线系统、内装系统对装配式建筑全专业提出要求。

8.1.4 建筑信息模型技术是装配式建筑建造过程的重要手段。通过信息数据平台管理系统将设计、生产、施工、物流和运营等各环节联系为一体化管理,对提高工程建设各阶段、各专业之间协同配合的效率以及一体化管理水平具有重要作用。

8.2 建 筑 模 数

8.2.1 装配整体式叠合剪力墙建筑设计应采用模数来协调结构构件、内装部品、设备与管线之间的尺寸关系,做到部品部件设计、生产和安装等相互间尺寸协调,减少和优化各部品部件的种类和尺寸。

8.2.2～8.2.5 结构构件采用扩大模数系列,可优化和减少预制构件种类。装配整体式叠合剪力墙建筑内装系统中的装配式隔墙、整体收纳空间和管道井等单元模块化部品宜采用基本模数,也可插入分模数数列 $n\text{M}/2$ 或 $n\text{M}/5$ 进行调整。

8.2.7 装配式建筑应严格控制预制构件、预制与现浇构件之间的建筑公差。接缝宽度应满足主体结构层间变形、密封材料变形能力、施工误差、温差引起变形等要求,防止接缝漏水等质量事故发生。

实施模数协调是一个渐进的工程，重要部件和组合件应优先推行规格化、通用化，如门窗、厨房、卫生间等。

8.3 标准化和集成化

8.3.1～8.3.4 模块化是标准化设计的一种方法。模块化设计应满足模数协调的要求，通过模数化和模块化的设计为工厂化生产和装配化施工创造条件。模块应进行精细化、系列化设计，关联模块间应具备一定的逻辑及衍生关系，并预留统一的接口，模块之间可采用刚性连接或柔性连接。

    1 刚性连接模块的连接边或连接面的几何尺寸、开口应吻合，采用相同的材料和部品部件进行直接连接；

    2 无法进行直接连接的模块可采用柔性连接方式进行间接相连，柔性连接的部分应牢固可靠，并需要对连接方式、节点进行详细设计。

8.4 平面、立面设计

8.4.1 装配式建筑设计应重视其平面、立面和剖面的规则性，宜优先选用规则的形体，便于工厂化、集约化生产加工，提高工程质量，并降低工程造价。

目前我国住宅设计使用年限为50年，近年来国内外已出现了百年住宅概念。已有设计经验是采用大空间的平面，合理布置承重墙及管井位置。在装配式住宅建筑中采用这种平面布局方式不但有利于结构布置，而且可减少预制楼板的类型。设计时也应适当考虑实际的构件运输及吊装能力，以免构件尺寸过大导致运输及吊装困难。

8.4.2 建筑立面设计应结合装配整体式混凝土建筑的特点，通过基本单元装饰构件的组合、装饰构件色彩变化等方法，满足建筑外立面美观性要求。

8.5 预制构配件

8.5.1 采用工厂化加工的标准预制件可提高产品质量,并有效降低成本。

8.5.2 预制时预留滴水线或滴水槽,避免现场开凿,保证施工质量。

8.6 接缝及防水构造

8.6.2 外墙板接缝是外围护系统设计的重点环节,其设计的合理性、适用性直接关系到外围护系统的性能。

跨越防火分区的接缝是防火安全的薄弱环节,应在跨越防火分区的接缝室内侧填塞耐火材料,以提高外围护系统的防火性能。预制外墙板接缝采用材料防水时,必须使用防水性能、耐候性能优良的防水密封胶作嵌缝材料,以保证预制外墙板接缝防排水效果和耐久性要求。预制外墙板立面拼缝不宜形成倒 T 形缝,以防止雨水从竖缝流入水平缝。

8.7 全 装 修

8.7.1 全装修除满足本章节条文外,应同时满足《建筑装饰装修工程质量验收标准》GB 50210 等国家现行规范要求。

8.7.2 建筑与机电等专业施工图纸应达到设计深度要求,避免二次开槽打洞。

8.7.3 整体卫浴系统宜采用干湿区分离设计,为防止卫生间气体进入室内,卫生间应设置排气设备,门下部设置通风百叶或者缝隙,使卫生间室内形成负压,气流由居室流入卫生间。

8.7.5 轻质隔墙的安装应按设计图纸沿地、墙、顶弹出隔墙的宽度线,按弹线位置固定天地龙骨及边框龙骨,采用结构密封胶粘接,并用膨胀螺丝固定。竖向龙骨安装于天地龙骨槽内,门、窗口位置应采用双排竖向龙骨;竖向龙骨两侧安装横向龙骨,壁挂空调、电视等安装位置的加固措施应严格按设计要求进行。

　　沿墙面涂装板上沿挂装"几"字形铝合金边龙骨,边龙骨与涂装板应固定牢固。边龙骨阴阳角处应切割成 45°后拼接,接缝应严密。两块吊顶板之间采用"上"字形铝合金横龙骨固定,横龙骨与边龙骨应接缝整齐,吊顶板安装应牢固,平稳。吊顶板开排烟孔和排风扇孔洞时应用专用工具,边沿切割整齐。

8.7.6　架空地板系统可在居住建筑套内空间全部采用或部分采用。架空地板系统主要是为实现管线与结构体分离,管线维修与更换不破坏主体结构;同时架空地板也有隔声性好的优点,可提高室内声环境质量。架空地板的高度主要根据弯头尺寸、排水长度和坡度来计算,一般为 250～300mm。如房间地面内不敷设排水管线,房间内也可采用局部架空地板构造做法,以降低工程成本。局部架空层沿房间周边设置,空腔内敷设给水、采暖、电力管线等。住宅采暖推荐采用干式工法施工的水热地暖系统,目前主要有普通干式地热和(超)薄型地热。如采用电地热采暖,应在电气设计时考虑用电负荷增加。

9 设备管线设计

9.1 结构与管线分离

9.1.1 一般规定

1 设备管线宜采用集成化技术、标准化设计,以提高效率,减少成本;管线和系统连接时采用螺纹接头,该接头应尽可能少,以避免各系统布线困难。

3 设备管线设计的预留、预埋应不影响结构功能,不应在预制构件上剔凿沟槽、打孔开洞等。预留沟槽、孔洞应布置在对结构影响最小的位置。当条件受限无法满足以上要求时,设备专业应与建筑、结构专业密切沟通,并提供相应的处理措施;穿越楼板管线较多且集中的区域可采用现浇楼板。

9.1.2 给排水

1 户内给水、太阳能热水管线可敷设在吊顶、楼地面架空层(或找平层)内;户内给水、太阳能热水垂直管线可敷设在叠合剪力墙与装饰内墙之间的空间。按规范要求设置管卡,同时设计中应考虑采取防腐蚀、隔声减噪和防结露等措施。

2 给水分水器其支管应与用水器具通过螺纹接头一一对接,中间不留接口,目的是为减少渗漏的可能性。

9.1.3 电气与智能化

1 强电、弱电及消防报警系统的竖向主干线应在公共区域的电气竖井内设置;公共区域的水平管线可敷设在吊顶、楼地面架空层(或找平层)内;设备及管线应按规范要求在结构上可靠固定。

户内强电、弱电管线可敷设在吊顶、楼地面架空层内;户内强电、弱电垂直管线可敷设在叠合剪力墙与装饰内墙之间的空间;管线应严格按规范敷设且设置管卡固定。

6 叠合式墙板预制构件内作为防雷引下线的钢筋,应在构件接缝处有可靠的电气连接,并应明显标记以确保施工便捷。

7 外墙金属管道、栏杆、门窗等金属物需与防雷装置有效连接,以满足规范要求。

9.1.4 暖通、空调与燃气

3 暖通、空调等设备管线系统应协同设计,其穿墙处应预留套管,不宜后期开孔。

4 低温地板辐射供暖系统可在叠合楼板找平层以上敷设。对于整体式卫浴或同层排水的架空地板,因后期可能有较多管线需要维护,不建议采用辐射地板采暖而考虑散热器供暖。

5 燃气系统设计应符合现行国家标准《城镇燃气设计规范》GB 50028 的有关规定,需在实施前充分与燃气公司沟通,并在墙上预留套管。

9.1.5 整体卫生间、厨房

1 整体卫生间、厨房可在工厂批量生产,将建筑、结构、设备管线及装饰一次性集成,大幅提高建筑施工效率。整体卫生间、厨房应考虑强弱电管线路由及相应接口(其中包含等电位与结构内等电位钢筋的连接)。

9.2 结构与管线不分离

9.2.1 一般规定

1 装配整体式剪力墙结构的设备管线设计要体现精装修特点,考虑墙板、楼板、公共区域及户内的整体点位布置;考虑建筑强电、弱电、给排水、消防、暖通、空调、电梯等管线设计一体化,并应满足各系统运行、维护及维修的要求。

2 设备管线应进行包含 BIM 在内的三维管线综合设计,对各专业管线在预制件上的预留套管、开槽、留孔位置尺寸等进行综合及优化,形成标准化的文案,避免错漏碰缺,提高产品品质并降低施工成本。减少水平面交叉,避免叠合板后浇层内水平管线布置过密而影响其受力性能。

3 建筑水、暖管不应敷设在结构层内,应在找平层内敷设,以便于后期维护;预埋管线较密集区域且实施布线较困难的楼板考虑现浇,目的是为了减少该区域楼板厚度及施工难度。

4 设备管道穿越楼板时,应有防水、防火、隔声、密封措施,管道宜采用预埋件或管卡等予以固定。

5 强电、弱电预埋管线需以较小角度折线布置时,应在折弯点设置转接盒以便于检修及维护。

9.2.2 给排水

1 为防止水暖管接头渗漏,方便后期维修,给水管、集中式太阳能热水管应敷设在叠合楼板以上的找平层内。

2 室内给水可以在墙面留槽后沿竖向敷设,但不应在叠合式墙板的夹层内竖向敷设,其目的是防止管线渗漏,便于后期维护及维修。

9.2.3 电气与智能化

2 户内区域的配电及语音、数据、有线电视、可视对讲等预埋水平管在叠合板上的后浇层内敷设,垂直方向在叠合式剪力墙板的夹层内敷设。垂直方向的敷设在工厂完成,该部分设计应充分考虑预制件的标准化设计,适应工厂化生产及施工现场装配的要求,以减少成本,提升效率。

9.2.4 暖通、空调与燃气

2 为便于维护,采暖系统采用低温地板辐射采暖时,采暖管应在叠合楼板找平层以上敷设。

3 天然气管道穿墙时宜预留套管,套管位置应与燃气公司协商确认。

10 结 构 设 计

10.1 一 般 规 定

10.1.1 针对双面叠合剪力墙结构,现行国家标准《装配式混凝土建筑技术标准》GB/T 51231 中规定其在 6 度、7 度区最大适用高度分别为 90m、80m。本规程对于双面叠合剪力墙结构房屋的最大适用高度与现行国家标准的相关规定保持一致。

装配整体式叠合剪力墙房屋的底部加强部位宜采用现浇混凝土结构。结合湖北、安徽等地相关工程实践,当房屋总高度不超过 60m 时,可从±0.000 开始采用双面叠合剪力墙结构。当房屋总高度不超过表 10.1.1 规定的最大适用高度,且建筑物外墙采用单面叠合剪力墙时,可从±0.000 标高开始采用叠合剪力墙结构。

10.1.2 武汉理工大学完成的 0.15 轴压比下低周反复荷载试验结果表明,单面叠合剪力墙的抗震性能优于双面叠合剪力墙。同济大学完成的 0.50 轴压比下低周反复荷载试验结果表明,单面叠合剪力墙试件的抗震性能与现浇对比试件较接近,可等同现浇。当满足本条规定时,设防烈度为 6 度、7 度区的房屋适用高度可增加至 100m。当设防烈度为 7 度时,底部加强部位层数在《高层建筑混凝土结构技术规程》JGJ 3 规定的基础上增加一层,约束边缘构件范围延伸至底部加强部位以上两层。当建筑外墙采用内保温时,外围剪力墙可采用双面叠合剪力墙,但中间空腔后浇混凝土厚度不应小于 150mm。

10.1.3 湖北省内各区域的地震设防烈度包含 6 度和 7 度,考虑到设防烈度为 7 度的乙类建筑应按设防烈度 8 度确定抗震等级,故表 10.1.3 中规定抗震等级时,将设防烈度 8 度的情况列入。

10.2 作用及作用组合

10.2.4 动力系数 1.2 为一经验值,在施工现场可通过实验予以验证,以确保施工安全。

10.3 叠合剪力墙设计

10.3.1 叠合剪力墙设计中,考虑耐久性,要求预制墙板混凝土强度等级不宜低于 C30。对于临时性结构,在满足承载力及变形验算的前提下,其强度要求可适当降低。

钢筋桁架作用如下:

1 将内、外叶预制板连成一个整体,以满足运输和安装要求;

2 施工过程中,在中间空腔部分浇筑混凝土时,抵抗未凝固混凝土对预制板的侧压力;

3 桁架钢筋构造保证内、外叶预制板与中间空腔部分的后浇混凝土形成一个整体共同受力。

10.3.3 上部无塔楼的地下室外墙可采用叠合剪力墙结构。采用叠合剪力墙时,应符合本规程第 10.7 节的规定。

10.4 双面叠合剪力墙连接设计

10.4.2 约束边缘构件沿墙肢的长度 l_c 取值应符合现行行业标准《高层建筑混凝土结构技术规程》JGJ 3 的有关规定,详见表 1。

表 1 约束边缘构件沿墙肢的长度 l_c

项目	二、三级	
	$\mu_N \leqslant 0.4$	$\mu_N > 0.4$
l_c(暗柱)	$0.15h_w$	$0.20h_w$
l_c(翼墙)	$0.10h_w$	$0.15h_w$

注:μ_N 为墙肢在重力荷载代表值作用下的轴压比;h_w 为墙肢的长度。

剪力墙约束边缘构件 l_c 长度内阴影范围外部分,可采用双面叠合剪力墙内的钢筋桁架代替部分拉筋,此范围内至少保证有一榀钢筋桁架。体积配箍率计算可考虑该范围内钢筋桁架斜腹筋的单位体积。对于联肢墙,洞口边的边缘构件可采用叠合暗柱形式。

10.4.3 双面叠合剪力墙需在楼层处设置水平缝。为利于混凝土浇筑并保证接缝处后浇混凝土浇筑密实,水平接缝高度不宜小于 50mm,亦不宜大于 100mm。

10.4.4 l_{aE} 为抗震设计时受拉钢筋的锚固长度,应符合现行国家标准《混凝土结构设计规范》GB 50010 的规定。

10.5 单面叠合剪力墙连接设计

10.5.2 单面叠合剪力墙约束边缘构件沿墙肢的长度取值应符合现行行业标准《高层建筑混凝土结构技术规程》JGJ 3 的有关规定。约束边缘构件非阴影区的箍筋或拉筋可由叠合墙板的桁架钢筋代替,桁架钢筋的面积、直径、间距应满足相关规定。

10.5.4 外叶板水平缝不宜过宽,以便于背衬材料放置和密封胶施工。综合工程实践经验,外叶板水平缝宽度宜为 20mm。内叶板水平接缝高度宜为 50mm,以保证接缝处后浇混凝土浇筑密实。

10.5.6 女儿墙可采用全现浇或叠合方案。当女儿墙高度不超过 1500mm 时,可采用图 10.5.6(c)、(d)所示的叠合女儿墙连接构造方案;当女儿墙高度超过 1500mm 时,应采用图 10.5.6(a)、(b)所示的现浇女儿墙连接构造方案。

10.6 楼 盖 设 计

10.6.2 武汉理工大学完成的一组页岩陶粒混凝土单向和双向叠合板足尺试件的受弯承载力试验结果表明,当陶粒混凝土的强度等级满足结构设计要求时,其叠合板的受弯承载力和变形性能均能满足相关规范要求。湖北省 2016 年发布的《全轻混凝土建筑地面保温工程技术规程》DB42/T 1227—2016 对楼地面的保温性能做出了相关规定,叠合层选用页岩陶粒混凝土的叠合楼板也可满足此要求。

10.6.5 叠合楼板可根据其尺寸按照单向板或者双向板进行设计。当按照单向板设计时,几块叠合板各自作为单向板进行设计,板侧采用分离式拼缝即可。考虑到单向板施工的方便性,建议长宽比大于 2 即按照单向板设计;当按照双向板设计时,相应的板缝构造和支座构造应满足双向板的要求;同一板块内,可采用整块的叠合双向板或者由若干块预制板通过整体式或分离式接缝组合而成的叠合双向板。

10.6.6 本条所述的接缝形式较简单,利于构件生产及施工。理论分析与试验结果表明,这种做法是可行的。叠合板的整体受力性能介于按板缝划分的单向板和整体双向板之间,与楼板的尺寸、后浇层与预制板的厚度比例、接缝钢筋数量等因素有关。其开裂特征类似于单向板,承载力高于单向板,挠度小于单向板但大于双向板。板缝接缝边界主要传递剪力,弯矩传递能力较差。在没有可靠依据时,可偏于安全地按照单向板进行设计,接缝钢筋按构造要求确定,主要目的是保证接缝处不发生剪切破坏,且控制接缝处裂缝的开展。

10.6.7 当预制板接缝可实现钢筋与混凝土的连续受力时,即形成"整体式接缝"时,可按照整体双向板进行设计。整体式接缝一般采用后浇带的形式,后浇带应有一定的宽度以保证钢筋在后浇带中的搭接或锚固,并保证后浇混凝土与预制板的整体性。后浇带两侧的板底受力钢筋需要可靠连接,比如焊接、机械连接、搭接等。接缝应避开双向板的主要受力方向和跨中弯矩最大位置。在设计时,如果接缝位于主要受力位置,应加强钢筋连接和锚固措施。双向叠合板板侧也可采用密拼整体式接缝形式,但需采用合理计算模型分析。

10.6.9 为考虑制作加工方便,板端支座处预制板内的下部纵向受力钢筋可弯起伸出板面,并锚入支承梁或墙后浇混凝土中,其锚固长度不应小于 $5d$（d 为纵向受力钢筋直径），且宜伸过支座中心线。

10.6.11 为保证地震水平力的有效传递，要求重要受力部位应采用现浇结构。

10.7 地下室设计

10.7.1 地下室采用叠合剪力墙体施工，可免除模板。武汉理工大学完成了一组双面叠合剪力墙和单面叠合剪力墙足尺试件的平面外静力推覆试验，结果表明：由于钢筋桁架对叠合剪力墙平面外承载力及刚度的贡献，叠合剪力墙平面外受弯承载能力高于现浇试件，且具有较好的延性。为保证地下室外墙防水性能，叠合剪力墙内空腔后浇混凝土部分的厚度不宜小于 200mm。

10.7.2 本条中的"相关范围"一般可从地上结构（主楼、有裙房时含裙房）周边外延不大于 20m。装配整体式叠合楼板在地下室结构中已成熟应用于工程实践。本条文引入的装配整体式密肋空腔楼板，是一种在国内广泛应用的新型楼板结构，有《密肋复合板结构技术规程》JGJ/T 275 作为设计依据文件。

11 非承重预制构件及其连接

11.1 一般规定

11.1.1～11.1.3 非承重预制构件主要包括非承重外墙板、内墙板以及附着于楼面和屋面结构的构件、装饰构件和部件等。除预制外墙板和内墙板外，一般非结构构件与建筑结构的连接在《建筑抗震设计规范》GB 50011 中有详细的规定。因此，本规程中除预制外墙板、内墙板外，对其他非承重预制构件不再另行做出规定。

11.2 预制外墙板、内墙板及其连接

11.2.1 预制外墙板种类很多，此处所指均为预制非承重外墙板。

11.2.2 外墙板应达到的各项功能性指标，应根据建筑物的使用功能、建筑物所处地区的具体环境和气候条件等，按照相关的规范规定并结合业主的具体要求，由设计确定。墙板及连接件的耐久性年限应根据工程的具体情况由设计确定。

11.2.4 在运输吊装、施工阶段和正常使用阶段，墙板处于弹性工作状态，其内力和变形计算均可采用弹性方法进行。

11.2.5 外墙板的连接与锚固必须可靠，其承载力应通过计算或试验确定。连接节点的预埋件等应按现行国家标准《混凝土结构设计规范》GB 50010 设计。转接钢构件、螺栓及焊缝应按国家现行标准《钢结构设计标准》GB 50017 和《高层民用建筑钢结构技术规程》JGJ 99 的有关规定进行承载力设计。

11.2.6 为防止不同金属相互接触而产生接触腐蚀，可设置绝

缘垫片或采取其他防腐蚀措施。

11.2.7 主体结构在变形缝两侧会发生相对位移,如沉降或者伸缩。若墙板不可避免跨越建筑变形缝时,该部位的墙板应采取与主体建筑的变形缝相匹配的构造措施。变形缝两侧墙板的构造应能适应主体结构的变形。

11.2.8 外墙板节能计算时,材料导热系数一般根据国家现行有关标准取值。当有保温材料、装饰材料的实际导热系数测试数据时,应依据使用批次产品的实际导热系数进行计算。

11.2.10 墙板的拼接胶缝应有一定的宽度,以保证墙板构件的正常变形要求。

11.2.12 内隔墙分一般内隔墙与分户墙,分户墙在一般内隔墙要求的基础上,还应考虑隔声、防护、保温等要求。

　　板材内隔墙板一般以无机材料为原料制作,常见的有水泥珍珠岩成型板、水泥加工业废料成型板、石膏纤维空心板、植物纤维＋矿物材料成型板和 ALC 板等。这些板材内隔墙板重量轻,湿作业少,施工便利,使用时宜遵循以下原则:

　　1 选用稳定性较好的材料,采用合理的制作工艺,采取有效的接缝补强措施,长墙设置伸缩缝;

　　2 采用双向空心形式,便于敷设电气管线或在沿底(沿顶)留置横向管线空间;

　　3 借用门框承载力做组合设计或设计特殊的洞口边板;

　　4 板间采用承插口连接;

　　5 按功能或按使用部位完成隔墙板系列设计;

　　6 合理采用或开发专用五金件。

11.2.13 由于板式隔墙承受吊挂的能力不仅与其自身力学性能有关,而且与固定点的间距和数量有关。板式内隔墙板顶部或底部作线槽使用时,应符合现行行业标准《民用建筑电气设计规范》JGJ 16 的有关规定。

12 构件制作

12.1 一般规定

12.1.1 完善的质量管理体系和制度是质量管理的前提条件，也是企业质量管理水平的体现。生产单位宜采用现代化的信息管理系统，并建立统一的编码规则和标识系统。

12.1.2 当原设计文件深度不足以指导生产时，需另行补充制作加工详图。如加工详图与设计文件不一致时，应经原设计单位确认。

12.2 模 具

12.2.2 模具是用来生产预制构件的各种模板系统，可采用固定在生产场地的固定模具，也可采用移动模具。对于形状复杂、制作数量少的构件，也可采用木模或其他材料制作。流水线平台上的各种边模可采用玻璃钢、铝合金、高品质复合板等轻质材料制作。

12.3 生产制作

12.3.3 使用自动化机械设备进行钢筋加工与制作，可减少钢筋损耗且有利于质量控制，应尽量采用。

12.3.4 制作构件用钢筋骨架或钢筋网片的尺寸偏差应按要求进行抽样检验。

12.3.5 本条规定了钢筋网或钢筋骨架尺寸的允许偏差范围，安装后还应及时检查钢筋的品种、级别、规格和数量。

12.3.9 条件允许的情况下，预制构件优先推荐自然养护。采用加热养护时,应按照合理的养护制度进行,避免预制构件出现温差裂缝。

12.3.12 平模工艺生产的大型墙板、挂板类预制构件宜采用翻板机翻转直立后再进行起吊。对于设有门洞、窗洞等较大洞口的墙板,脱模起吊时应进行加固,防止扭曲变形造成开裂。

13 结构施工

13.1 一般规定

13.1.1 装配整体式叠合剪力墙结构施工应根据建筑、结构、机电、内装一体化,设计、加工、装配一体化的原则,制定施工组织设计。施工组织设计应以发挥装配技术优势为原则,体现装配化施工的特点。

13.1.2 装配整体式叠合剪力墙结构施工方案应全面系统,且应结合装配整体式叠合剪力墙结构特点和一体化建造的具体要求,本着资源节省、人工减少、质量提高、工期缩短的原则制定装配方案。进度计划应协同构件生产计划和运输计划等制订。预制构件运输方案包括车辆型号及数量、运输路线、发货安排、现场装卸方法等;施工场地布置包括场内循环通道、吊装设备布设、构件码放场地等;安装与连接施工包括测量方法、吊装顺序和方法、构件安装方法、节点施工方法、防水施工方法、后浇混凝土施工方法、全过程的成品保护及修补措施等;安全管理包括吊装安全措施、专项施工安全措施等;质量管理包括构件安装的专项施工质量管理,渗漏、裂缝等质量缺陷防治措施;预制构件安装应结合构件连接装配方法和特点,合理制定施工工序。

13.1.3 装配整体式叠合剪力墙结构构件生产前应完成深化设计,并经原设计单位确认。

13.1.4 装配整体式叠合剪力墙结构施工应设立与装配施工技术相匹配的项目管理机构与人员。装配施工需配置满足装配施工要求的专业人员。施工前应对相关作业人员进行培训和技术、安全、质量交底、培训。交底对象包括一线管理人员、作业人员、监理人员等。

13.1.5 施工安装宜采用 BIM 组织施工方案,基于 BIM 模型指导和模拟建造全周期,制定合理的施工工序并精确算量,从而提高施工管理水平和施工效率。

13.1.6 为避免由于设计或施工缺乏经验造成工程实施障碍或损失,保证装配整体式叠合剪力墙结构施工质量,并不断摸索和累积经验,特提出应通过试生产和试安装进行验证性试验。装配整体式叠合剪力墙结构构件试生产可发现 PC 构件生产中的问题,并及时进行调整。装配整体式叠合剪力墙结构施工前的试安装,对于没有经验的承包商非常必要,不但可以验证设计和施工方案存在的缺陷,还可以培训人员,调试设备,完善方案。对于没有实践经验的新型结构体系,应在施工前进行典型单元的安装试验,验证并完善方案实施的可行性。这对于体系的定型和推广使用是十分重要的。

13.1.7 预制构件、安装用材料及配件进场验收应符合现行国家标准《混凝土结构工程施工质量验收规范》GB 50204 及产品应用技术手册等的有关规定。

13.2 安 装 准 备

13.2.1 施工现场应根据装配化建造特点布置施工总平面,宜规划主体装配区、构件堆放区、材料堆放区和运输通道。各区域宜统筹规划布置,满足高效吊装、安装要求,通道宜满足构件运输车辆平稳、高效、节能的行驶要求。竖向构件宜采用专用存放架进行存放,专用存放架应根据需要设置安全操作平台。

13.2.2 安装施工前,应制定安装定位标识方案。根据安装连接的精细化要求,控制合理误差。安装定位标识方案应按照一定顺序进行编制,标识点应清晰明确,便于查询。

13.2.3 安装施工前,应结合深化设计图纸核对已施工完成结构或基础的外观质量、尺寸偏差、混凝土强度和预留预埋等条件是否满足上层构件安装的需要,并应核对待安装预制构件的混凝土强度及预制构件和配件的型号、规格、数量等是否符合设计要求。

13.2.4 本条中的"吊运"包括预制构件的起吊、平吊及现场吊装等。预制构件的安全吊运是装配式结构工程施工中最重要的环节之一。"吊具"是指起重设备主钩与预制构件之间连接的专用吊装工具。"起重设备"包括起吊、平吊及现场吊装用到的各种门式起重机、汽车起重机、塔式起重机等。尺寸较大的预制构件常采用分配梁或分配桁架作为吊具,此时分配梁、分配桁架刚度需满足吊装要求。吊索需有足够长度来满足吊装时水平夹角要求,以保证吊索和各吊点受力均匀。自制、改造、修复和新购置的吊具需按国家现行相关标准的有关规定进行设计验算或试验检验,并经认定合格后方可投入使用。预制构件的吊运尚应参照现行行业标准《建筑施工高处作业安全技术规范》JGJ 80 的有关规定执行。

13.3 安 装 施 工

13.3.2 预制构件安装就位后应对安装位置、标高、垂直度进行调整,并应考虑安装偏差的累积影响。安装偏差要求应严于装配整体式叠合剪力墙混凝土结构分项工程验收的施工尺寸偏差。装饰类预制构件安装完成后,应结合相邻构件对装饰面的完整性进行校核和调整,保证整体装饰效果满足设计要求。

13.3.3 叠合剪力墙安装应按施工方案要求进行,应重点注意以下几方面问题:

    1 水平标高控制垫块应布置在斜支撑撑点的正下方,同斜支撑形成三点稳定的受力,同时对利用斜支撑调整墙板有利。

    2 预制板安装就位后应立即安装斜支撑,斜支撑与水平地面的夹角以 40°～50°为宜。对于墙高大于 5m 的,应设置上下两排斜支撑。

3 考虑到安全因素,在墙板未完全安装平稳前不得松开吊钩,且在利用斜支撑调整墙板时,不得同时松开两道斜支撑,一次性只能调整一道支撑。

4 斜支撑拆除时,后浇混凝土强度应达到设计或施工规范的要求,当未明确规定时,可同现浇边约束构件模板一同拆除。

13.3.4 预制叠合楼板吊至梁、墙上方 300～500mm 后,应调整板位置使板锚固筋与梁箍筋错开,根据板边线和板端控制线准确就位。叠合楼板吊装前,完成下方可调顶托的抄平、调整工作。

13.3.5 预制楼梯的安装方式应结合预制楼梯的设计要求进行确定。

13.3.8 混凝土浇筑前应清理干净,以确保预制构件同后浇混凝土协同受力。在混凝土浇筑前应将叠合面充分润湿,以避免后浇混凝土中的水被预制构件吸收进而影响后浇混凝土质量。

13.4 施工安全与环境保护

13.4.3 施工企业应对危险源进行辨识、分析,提出应对处理措施,制定应急预案,并根据应急预案进行演练。

13.4.10 《中华人民共和国环境噪声污染防治法》指出,在城市市区范围内周围生活环境排放建筑施工噪声的,应当符合国家规定的建筑施工场界环境噪声排放标准。

13.4.11 施工现场产生的废水、污水严禁不经处理排放,以免影响正常生产、生活以及生态系统平衡。

13.4.12 预制构件安装过程中常见的光污染主要是可见光、夜间现场照明灯光、汽车前照灯光、电焊产生的强光等。可见光的亮度过高或过低,对比过强或过弱时,都有损人体健康。

13.5 成品保护

13.5.1 交叉作业时,应做好工序交接,做好已完部位移交单,各工种之间应明确责任主体。

13.5.2 饰面砖保护应选用无褪色或污染的材料,以防揭膜后饰面砖表面被污染。

14 工 程 验 收

14.1 一 般 规 定

14.1.3 当装配整体式叠合剪力墙结构工程包含现浇混凝土施工段时,应按现行国家标准《混凝土结构工程施工质量验收规范》GB 50204 的有关规定进行其他分项工程和检验批的验收。

14.1.5 本条规定的验收内容涉及采用后浇混凝土连接及采用叠合构件的装配整体式叠合剪力墙结构,隐蔽工程反映钢筋、现浇结构分项工程施工的综合质量,后浇混凝土处的钢筋既包括预制构件外伸的钢筋,也包括后浇混凝土中设置的纵向钢筋和箍筋。在浇筑混凝土之前进行隐蔽工程验收是为了确保其连接构造性能满足设计要求。

14.1.6 装配整体式叠合剪力墙结构建筑的饰面质量主要是指饰面与混凝土基层的连接质量,对面砖主要检测其拉拔强度,对石材主要检测其连接件的受拉和受剪承载力。饰面的外观和尺寸偏差应按现行国家标准《建筑装饰装修工程质量验收标准》GB 50210 的有关规定验收。

14.1.7 装配整体式叠合剪力墙结构的接缝防水施工是非常关键的质量检验内容,应按设计及有关防水施工要求进行验收。

14.2 主 控 项 目

14.2.1 本条对预制构件的质量提出了基本要求。

对专业企业生产的预制构件,进场时应检查质量证明文件。质量证明文件包括产品合格证明书、混凝土强度检验报告及其他重要检验报告等;预制构件的钢筋、混凝土原材料、预埋件等均应参照本规程及国家现行有关标准的规定进行检验,其检验报告在预制构件进场时可不提供,但应在构件生产企业存档保留,以便需要时查阅。

对总承包单位制作的预制构件,没有"进场"的验收环节,其材料和制作质量应按本规程相应的规定进行验收。对构件的验收方式为检查构件制作中的质量验收记录。

14.2.3 对于出现的外观质量严重缺陷及影响结构性能和安装、使用功能的尺寸偏差,以及拉接件类别、数量和位置有不符合设计要求的情形应做退场处理。如经设计同意可以进行修理使用,则应制定处理方案并获得监理确认后,由预制构件生产单位按技术处理方案修理,修理后应重新验收。

14.2.4 预制构件外贴材料等应在进场时按设计要求对预制构件产品全数检查,合格后方可使用,避免造成不必要的损失。

14.2.5 预制构件的预埋件和预留孔洞等应在进场时按设计要求抽检,合格后方可使用,避免造成不必要的损失。

14.2.6 临时固定措施是装配整体式叠合剪力墙结构安装过程中承受施工荷载、保证构件定位、确保施工安全的有效措施。临时支撑是常用的临时固定措施,包括水平构件下方的临时竖向支撑、水平构件两端支撑构件上设置的临时牛腿、竖向构件的临时斜撑等。

14.2.7 当叠合层或连接部位等的后浇混凝土与现浇结构同时浇筑时,可以合并验收。对有特殊要求的后浇混凝土应单独制作试块进行检验评定。

14.2.8 钢筋采用机械连接时,应按现行行业标准《钢筋机械连接技术规程》JGJ 107 的有关规定进行验收。平行加工试件要求的相关规定同本规程第 12.3.3 条。对于机械连接接头,应按规定检验螺纹接头拧紧扭矩和挤压接头压痕直径。

14.2.9 钢筋采用焊接连接时,应按现行行业标准《钢筋焊接及验收规程》JGJ 18 的有关规定进行验收。考虑到装配整体式叠合剪力墙结构中钢筋连接的特殊性,很难做到连接试件原位截取,故要求制作平行加工试件。平行加工试件应与实际钢筋连接接头的施工环境相似,并宜在工程结构附近制作。

14.2.10、14.2.11 在装配整体式叠合剪力墙结构中,局部采用钢筋或钢板焊接、螺栓连接等"干式"连接方式时,钢材、焊条、螺栓等产品或材料应按批进行进场检验,施工焊缝及螺栓连接质量应按国家现行标准《钢结构工程施工质量验收规范》GB 50205、《钢筋焊接及验收规程》JGJ 18 的相关规定进行检查验收。

14.2.12 装配整体式叠合剪力墙结构的外观质量除设计有专门的规定外,尚应符合现行国家标准《混凝土结构工程施工质量验收规范》GB 50204 中关于现浇混凝土结构的有关规定。

对于出现的严重缺陷及影响结构性能、安装和使用功能的尺寸偏差,处理方式应按现行国家标准《混凝土结构工程施工质量验收规范》GB 50204 的有关规定执行。对于出现的一般缺陷,处理方式同上述方式。

14.2.13 装配整体式叠合剪力墙结构的接缝防水施工是非常关键的质量检验内容,施工时应按设计要求进行选材和施工,并采取严格的检验验证措施。考虑到此项验收内容和结构施工密切相关,应按设计及有关防水施工要求进行验收。

外墙板接缝的现场淋水试验应在精装修进场前完成,并应满足下列要求:淋水量应控制在 $3L/(m^2 \cdot min)$ 以上,持续淋水时间为 24h。某处淋水试验结束后,若背水面存在渗漏现象,应对该检验批的全部外墙板接缝进行淋水试验,并对所有渗漏点进行整改处理,在整改完成后重新对渗漏的部位进行淋水试验,直到不再出现渗漏点为止。

14.3 一般项目

14.3.1 预制构件表面的标识应清晰、可靠,以确保能够识别预制构件的"身份",并在施工全过程中对发生的质量问题可追溯。

预制构件表面的标识内容一般包括生产单位、构件型号、生产日期、质量验收标志等,如有必要,尚需通过合同约定在标识中表示构件在结构中安装的位置和方向、吊运过程中的朝向等。

14.3.4 预制构件的装饰外观质量应在进场时按设计要求对预制构件产品全数检查,合格后方可使用。如果出现偏差,应和设计单位协商相应处理方案,如设计单位不同意处理则应作退场报废处理。

14.3.5 预制构件的预留、预埋件等应在进场时按设计要求对每件预制构件产品全数检查,合格后方可使用,避免造成不必要的损失。

对于预埋件和预留孔洞等项目验收出现问题时,应和设计单位协商相应处理方案,如设计单位不同意处理则应作退场报废处理。

检查数量:按照进场检验批,同一规格(品种)的构件每次抽检数量不应少于该规格(品种)数量的5%,且不少于3件。

14.3.6、14.3.7 预制构件的一般项目验收应在预制工厂出厂检验的基础上进行,现场验收时应按规定填写检验记录。对于部分项目不满足标准规定时,可以允许厂家按要求进行修理,但应责令预制构件生产单位制定产品出厂质量管理的预防纠正措施。

预制构件的外观质量一般缺陷应按产品标准规定全数检验;当构件没有产品标准或现场制作时,应按现浇结构构件的外观质量要求检查和处理。

预制构件尺寸偏差和预制构件上的预留孔、预留洞、预埋件、预留插筋、键槽位置偏差等基本要求应进行抽样检验。如具体工程要求高于标准规定时,应按设计要求或合同规定执行。

结构尺寸偏差设计有专门规定的,尚应符合设计要求。预制构件有粗糙面时,与粗糙面相关的尺寸偏差可适当放宽。

14.3.8 装配整体式叠合剪力墙结构的外观质量缺陷可按现行

国家标准《混凝土结构工程施工质量验收规范》GB 50204 第 8 章的有关规定进行判断。出现一般缺陷时,处理方式同现行国家标准《混凝土结构工程施工质量验收规范》GB 50204 第 8.2.2 条的有关规定。

14.3.9 装配整体式叠合剪力结构的尺寸允许偏差在现浇混凝土结构的基础上适当从严要求,对于采用清水混凝土或装饰混凝土构件装配的混凝土结构施工尺寸偏差应适当加严。